博物学经典译丛　薛晓源◎主编

喜马拉雅山珍稀鸟类图鉴

【英】 约翰·古尔德　绘著

童孝华　译

北京出版集团公司
北 京 出 版 社

John Gould

约翰·古尔德（John Gould，1804–1881）

　　英国鸟类学家，鸟类画家。由夫人伊丽莎白·古尔德协助绘画制版，他先后完成了多部鸟类学专著，如《喜马拉雅山珍稀鸟类图鉴》《澳大利亚的鸟类》等。后者将其推上"澳大利亚鸟类学研究之父"的地位，而该国的环境组织也为纪念他被命名为"古尔德联合会"。从某种程度上说，达尔文自然选择进化论的成立有赖于古尔德的贡献，现今的"达尔文地雀"的谱系确定便是依据古尔德的分类研究。在《物种起源》中，达尔文也曾引用过古尔德先生的专著。

　　古尔德出生于多塞特郡的一个园丁家庭，父子两代并未受过很多教育。1818年到1824年，他在父亲工作的温莎皇家花园做学徒，之后成为约克郡雷普利城堡的园丁。在动物标本剥制方面，古尔德技艺精湛。1824年，他于伦敦开设了自己的动物剥制作坊，这项技能也助其后来成为伦敦动物学学会首任会长和管理员。

　　鉴于本职工作特点，古尔德有幸接触到英国最顶尖的博物学家，并亲眼目睹捐献到动物学会的鸟类标本。1830年，一大批喜马拉雅地区的标本来到英国，趁此机会，古尔德出版了专著《喜马拉雅山珍稀鸟类图鉴》。本书由威格斯撰文，古尔德夫人手绘配图，又经其他艺术家制版。

　　此后的七年中，他相继出版了四部作品，其中包括五卷本的《欧洲之鸟》。该书由古尔德亲自撰文，助理普林斯编辑。因当时的画师爱德华·里尔经济困难将其整套绘本出售，古尔德得以购买这些鸟类的图样放在书中出版，虽然成本颇高，他仍因此赚了许多钱。1838年，古尔德带夫人为其新作前往澳大利亚。遗憾的是，在三年后返回英国时，古尔德夫人去世了。

　　1837年，古尔德曾与达尔文相会，后者为其展示了哺乳动物和鸟类标本，由古尔德为其中的鸟类进行认定。几日后，古尔德放下手中生意，鉴别出达尔文先前认为的来自加拉帕戈斯的黑鹂属于一种全新的独立鸟属，包含12种。相继而来的是二人的多次合作。在达尔文后来编辑的《贝格尔号之旅的动物学》第三部分中，便加入了古尔德的鸟类学研究。

　　英国的格拉斯哥大学曾将古尔德誉为奥杜邦之后最伟大的鸟类学家。他一生出版了关于英国和欧洲其他地方、亚洲以及新几内亚岛鸟类的书籍，另外还有一卷是有关澳大利亚哺乳动物的书籍。成熟期的古尔德已经有了美学意识，在画中描绘出鸟巢和幼鸟的样子，大大增添了其作品的审美元素。

为复兴博物学做有特色的努力

刘华杰（北京大学哲学系教授）

博物学（natural history）是一种古老的探索、理解、欣赏世界的进路（approach）。它包括对事物的记录、描述、绘画、分类、数据收集和整理以及由此形成的适合本地人生存的整套实用技艺。博物学在发展过程中也演化出一些高雅形式，历史上相当多的博物学著作以十分精美的形式呈现。

博物学是人类物质文化与精神文化的重要组成部分。世界各地都有自己的博物学，西方有西方的博物学，中国古代也有值得骄傲的非常特别的博物学。比较一下李汝珍的《镜花缘》与斯威夫特的《格列佛游记》也能间接大致猜到中西博物学的差异，虽然两者本身都只是文学作品。

近代以来，人们很关心西方人的观念，因为他们的一系列观念(有好有坏)深深地影响、改变了世界。于是，就科学哲学与科学史这样的学科而言，对西方的科学、哲学等颇重视。其实，不限于这样狭窄的领域，从更大的范围看，甚至从文明的层次看，也大约如此。但西方的观念并非只有科学、哲学（也未必是最好的），经过一段时间的清理和反省，如今我们看到了西方的博物学，虽然它仍然是西方的，但含义、特征并不同于以前在科学、哲学的名义下所见到的东西。我们戴着"眼镜"看世界，不是这副就是那副，不可能不戴。现在我们有意戴上博物学这副眼镜，以博物的视角看各种现象。

西方博物学最突出的特征在于西方的 history 而非西方的 philosophy。有些人不理解，在 21 世纪的今天，科学哲学工作者为何那么关注"有点那个"的博物学？坦率点说，恰好因为博物学"肤浅"而不是"深刻"！显然，这不是说凡是 natural history 都肤浅，凡是 natural philosophy 都深刻，只是招牌给人表面的印象是这样的。不过，博物学的行事方式、知识特点也部分决定其成果的性质，natural history 得出的结果注定与 natural philosophy 得出的性质不同。前者以林奈、布丰、达尔文的工作为代表，后者以伽利略、牛顿、爱因斯坦的工作为代表。在外行看来，前者容易与琐碎、杂多经验、复杂性挂钩，后者容易与统一、理论定律、和谐性挂钩。其实，许多特征是共有的。比如，数理科学家眼中并非只有简单的物理定律和生命遗传密码，现实中照样要面对各种杂乱无章；植物分类学家眼中并非只有千奇百怪的花草树木，他们也同样洞悉了大自然的惊人秩序。我相信，所有真正的学者，不管是哪一类，在其探究过程中都能感受到大自然无与伦比的精致与和谐，而这是一种无法言传的美学体验。

形而上学的简明二分有一定道理：侧重经验事实、观察描述与实验的 history 为一方，注重第一原理、假说推演、概念思辨的 philosophy 为另一方。但是，这种清晰的二分法本身也有缺陷，割裂了 history 与 philosophy 的互相渗透，它本身是一种人为的抽象、化简。亚里士多德是全才，既研究物理学、形而上学又研究动物志；他的大弟子特奥弗拉斯特深入研究植物，还被誉为西方植物学之父。化简，有收获，也是有代价的。二分法的两大类学问、探究事物的方式不应当完全对立起来，而是彼此适当竞争，在一定的时候取长补短。不过，就长期以来人们过分在乎 philosophy 进路并产生了多方面影响而言，现在强调另一面，即 history 的一面，也是一种合理的诉求。

哲学史家安斯提（Peter R. Anstey）认为近代早期有两种类型的博物学，一种是传统式的，一种是培根式的。第一种人们容易理解，从古代到中世纪，到近代再到现在，一直有脉络，形象还在，但第二种经常被遗忘。安斯提说近代实验哲学的"第一版"就是培根的博物学方法（Baconian method of natural history），也可以说培根开创了获取知识的博物学新进路（novel approach to natural history）。培根理解的博物学，真正"博"了起来，包罗万象，这与他的实验哲学、归纳法、宏伟的知识复兴蓝图有关。在古代和培根的年代，history 的意思与现在不同，正如那时的 philosophy 与现在的理解不同一样。现在人们能够理解牛顿的主要著作为何带有 philosophy 字样，并且清楚那时 philosophy 与科学不分；其实，那时 history 与科学也不分。复数形式的 histories 显然更不是指时间，而是指对事物的各种探究及收集到的各种事实。本来这也是 history 的古义，到了培根那里，研究的对象进一步扩展到血液循环、气泵等更新的东西。正是培根的这种博物学方法塑造了早期英格兰皇家学会的研究旨趣。波义耳也写过 *The History of the Air* 这样的作品，其中的 history 与现在讲的"历史"不是一回事；如今霍金出版畅销书 *A Brief History of Time*，难道其中的 history 只作"历史"解释？当然，我无意于计较词语的翻译，只要明白其中的含义，中文翻译成什么都无所谓，不过是一个代号。

我们今日看重并想复兴博物学，并非只着眼于它与数理科学的对立，而是注意到其自身具有的特点，对其寄托了厚望。博物是自然科学的四大传统（博物、数理、控制实验与数值模拟）之一，并且是其中最古老的一个。如今的博物也未必一定要排斥数理、控制实验和数值模拟。如此这般论证博物的重要性固然可以，但还不够，还没有脱离科学主义的影子。说到底博物学不是科学范畴所能涵盖的，博物学不是自然科学的真子集。博物学中有相当多成分不属于科学，任凭怎么牵强附会、生拉硬扯也无法都还原为科学。在一些人看来，这是博物学的缺点，对此我们并不完全否认，但我们由此恰好看到了博物学的优点。成为科学，又怎么样？科学拯救不了这个世界，反而加大了世界毁灭的可能性。

博物学的最大优点在于其"自然性"。何谓自然性？指尊重自然，在自然状态下自然而然地研究事物。这里"自然状态"是相对于实验室环境而言的。"自然状态"下探究事物不同于当下主流自然科学的实验研究，它为普通公众参与博物探究敞开了大门，它同时也要求多重尺度地看世界，不能简单地把研究对象从背景中孤立出来。"自然而然地研究"涉及研究的态度和伦理，探究事物不能过分依照人类中心论、统治阶级、男性的视角，不能过分干预大自然的演化进程。历史上的博物学是多样的，并不都满足现在我们的要求，有些也干过坏事。历史上有帝国型博物学和阿卡迪亚型博物学，还有其他一些分类。

不是所有的博物学都是我们欣赏的、要复兴的，但是的确有某些博物学是我们欣赏的（或者说想建构的），希望它延续或者复兴，对此我们深信不疑。那么，究竟哪些东西值得复兴？其实现在研究得还很初步，无法给出简明的概括。一开始，不妨思想解放一点，多了解一些西方博物学。大家一起瞧瞧它们有什么特点，哪些是好的哪些是坏的，哪些对于我们有启发。中国出版界长期以来不成体系不自觉地引进了一批博物学著作，现在看还可以做得更主动一点、更好一些。

许多西方博物学家在我们看来有着天真的"傻劲儿"，一生专注于自己所喜欢的花草鸟兽，不惜为此耗尽精力和钱财。我们并不想鼓动所有人都这般生活，但想提醒部分年轻人可以做自己喜欢的事情，可以选择不同的人生道路和生活方式。西方博物学无疑展现了多样性，可以丰富我们的认知、审美和生活。

博物画与博物学一同发展、繁荣，想想勒杜泰、梅里安、奥杜邦的绘画作品与博物学描述如何深度结合、难解难分就会同意，描绘大自然的画作与描写大自然的文字服务于同样的目的。用现在的"建构论"而非老套的"实在论"哲学来理解，它们在认真地描写对象的同时也在认真地建构对象。世人正是透过文字与画作这样的媒介来间接了解外部世界的。西方人眼中的自然是什么，中国人眼中的自然是什么？博物写作与博物绘画在此都起重要作用。当我们能够欣赏西方博物画时，反过来也有助于重新认识我们自己的美术史和文化史。中国古代绘画种类繁多，与博物学最接近的大概是花鸟画与本草插图，但在掌握着话语权的文人看来，个别者除外，它们大多被归类于"匠人画"或"院画"，境界不如"文人画"。于是，赵佶的《芙蓉锦鸡图》、谢楚芳的《乾坤生意图》和蒋廷锡的《塞外花卉六十六种》这类作品，在艺术评论家看来，可能并不很高明。民间器物上的大量博物画可能更无法入艺术史家的法眼。不过，价值观一变，这些都是可以改变的。以博物学的眼光重新看世界，不但能发现身边的鸟虫和我们生存于其中的大自然，还可能看到不一样的历史与文化。

多译介一些博物学著作，也有利于恢复博物学教育。2013 年我为一个植物摄影展写了一段话，抄录在此："博物学是一门早已逃脱了当下课程表的古老学问，因为按流行的标准它没有用。但是，以博物的眼光观察、理解世界，人生会更丰富、更轻松。博物学家在各处都看到了如我们一样的生命：人与草木同属于一个共同体，人不比其中任何一种植物更卑贱或更高贵；我们可以像怜爱美人一般，欣赏它们、珍惜它们。"

西方博物学不止一种类型，每一类中经典著作都不少。特奥弗拉斯特、老普林尼、格斯纳、林奈、布丰、拉马克、海克尔等人的最重要著作无一有中译本。翻译引进的道路一定非常漫长，做得太快也容易出问题。出版经典博物学著作也不是一家两家出版社能够包揽的，但各尽所能发挥特长，每家做出点特色，是可以期待的。

薛晓源先生近些年十分看好博物学，广泛收集西方博物学经典，交谈中我们有许多共同的认识。晓源同时通晓哲学、艺术和出版，我相信晓源主编的博物学经典译丛有着鲜明的特色，在新时期必将实质性地推动中国的文化建设。

2015 年 6 月 21 日于北京大学

发现新世界

——"博物学经典译丛"的缘起与目标

薛晓源（中央编译局研究员）

自文艺复兴以降，西方开启发现世界的旅程。哥伦布发现新大陆，麦哲伦绕好望角航行，发现非洲，欧洲探险家还远涉埃及、印度和中国。英国航海家库克船长在全球航行，寻找奇珍异宝；英国科学家达尔文登临"小猎犬号巡洋舰"奔赴异域，考察万物，促进了《物种起源》巨著的诞生；德国教育家洪堡在美洲探险，开启了生物的地理学考察；数以万计的探险家、科学家、诗人、博物学家、画家奔赴世界各地寻财问宝，留下了数以千万计的手稿、图片和文献，有游记、日记、考察报告、探险记，有精心手绘的地图、天文图像、动物植物各种图像，他们开启了西方博物学三百年的历史大幕。这三百多年气势恢宏，蔚为大观，产生无数重量级的艺术家、博物学家、文学家、科学家，促成许多文学流派、艺术流派和博物学派的诞生，大师林立、影响深远。

英国自然历史博物馆、美国自然历史博物馆、澳大利亚自然历史博物馆就珍藏数以千万计的手稿、标本、绘画和珍稀图书。随着这些博物馆近年研究成果的刊布，随着拍卖市场的勃兴，数字技术蓬勃发展，使隐蔽在全球博物馆和个人收藏的大量珍稀图书、图片、文献浮出海平面，进入大众审美视野之中，这些曾经流连在宫廷王室、达官显贵家中的奇珍异宝呈现在我们面前，让我们叹为观止：这些图片色彩斑斓、纤毫毕现、奇苑仙葩、栩栩如生。这些图片所描绘的动物植物在全球化、工业化的今天很多已经绝迹，还有很多物种处于濒临灭绝的境地。对于这些文化资源的梳理、翻译和研究，对于我们提倡生态文明的今天无疑有伟大的历史和现实意义。这些东西对于科学、地理学、考古学、探险、旅游学、博物学、绘画学、美学无疑有着至高无上的借鉴价值。我们今天出版这些图文并茂的书籍有如斯高远的志向和目标：

展现自然的历史风貌

呈现万物的生态原样

复现科学的探索进程

再现美学的自然启蒙

本译丛将根据不同的知识维度，根据不同学科和著作的影响力度，参考广大读者的热情和关注度，由易而难，循序渐进，每年计划推出10种左右，希望用10年时间出版100种博物学的译作，以期能够展示西方博物学三百年来大致轮廓和发展轨迹，以飨广大读者对于博物学的殷殷之望。北京出版社欣闻我在关注和收藏西方博物学名著，力邀我分门别类、编译出版，并为此付出大量人力和物力，令人赞赏；广大译者踊跃参与，有很多著名学者牺牲了宝贵的节假日，焚膏继晷，夜以继日进行校译，那份对博物学深爱的拳拳之情，令人感佩；北大哲学系刘华杰教授，百忙之中拨冗写序推荐，令人感动；在第一辑即将付梓之际，谨致谢忱如尔！是为序。

译者序

前言

目 录

目 录

译者序

梳览历史，人类最早对于鸟类的兴趣或可追溯到史前，而我国在《尔雅》《尚书》这样的古籍中便有对此领域的记述。大航海时代以后，发达的海上强国通过政治优势深入全球殖民，寻找各地奇珍异宝，在一定程度上促进了鸟类学的发展。十八世纪中期至十九世纪后期，鸟类学走向繁荣。考察者们以新种的分类和描述为宗旨，走向鸟类充沛的地区收集了大批标本带回祖国。本书中一再提到的塞克斯上校和肖尔先生即在此列。

作为十九世纪英国声名远扬的鸟类学家，作者古尔德先生不遗余力地收集素材，潜心研究，在1831年出版了此书《喜马拉雅山珍稀鸟类图鉴》，并达到了相当专业的水平。喜马拉雅，梵语意为"雪域"，即雪的故乡，是中国和印度、尼泊尔等国的天然国界。由于海拔很高，植被纵分为四带，致使这里的鸟类呈现出明显的多样性。而追溯物种的发源也成为研究者们甚为着迷的意向。

本书从鸟类学出发，以喜马拉雅山脉为研究范围，记录了100种二百年前被先后捕获到英国和欧洲大陆的鸟类，从其分布、习性和外形逐一做出介绍，图文并茂，乃实时鸟类学研究中屈指可数的经典之作。古尔德先生在选材时有意识地从隼、山椒、松鸦、虹雉、鸫等各科中挑出最具喜马拉雅特色的品种，丰富了英国国内在这一领域的知识，也为世界鸟类学研究做出了珍贵的补充。

值得一提的是，本书为对开插画册本。所有插画由古尔德夫人手绘制版，笔触精细、色彩缤纷，各种鸟类姿态万千、惟妙惟肖，俨然是大自然的一面镜子，其艺术价值受到高度重视，为数不少的

读者被之中画作吸引而竞相购买收藏。笔者在翻译过程中不断为其版画赞叹：一本科学类著作能够注入等值的美学元素，使冰冷的文字与标本更加鲜活地进入读者的感性空间，实属佳作。

作为里程碑似的鸟类学专家，古尔德先生的这部作品为从事此专业人士以及爱好者们提供了庞大史料，例如书中许多鸟的拉丁语名称如今都已更改，加上交通与交流的环境局限，有些记述是片段的，甚至推测的，这就成全了读者重温历史的过程，使我们身临其境。因此，此书不单是一部博物志，亦是一部文明交流史。之后，古尔德先生还相继出版了多部其他鸟类学著作，最负盛名的便是他的七卷本《澳大利亚鸟类》。这些书籍现已被翻译成多种语言，陈列在各国图书馆中。

　　此外，本书的问世必将产生积极的教育影响。21世纪以来，教育界出现了不少新动向，其中喜闻乐见的一点便是我国一些著名高校重新开设了博物学课程。这门古老的学科引起了人类对当前面临的环境及生态问题的思索，昭示象牙塔中"五谷不分"的学习者们追踪觅影、归本回真。诚然，其目标并非培养出大批的博物学家，而是引导后来人走向自然，体会造物之神奇，理解多元之伟大。笔者相信，自然志的复兴必将为科学至上的时代注入可贵的人文精神。

童孝华

2015年6月

前　言

去年，得幸动物学学会鸟类学收藏主管人约翰·古尔德先生一小部分喜马拉雅山脉鸟类的珍贵收藏，这一神秘地区的鸟类标本和介绍得以问世。加上古尔德夫人的精湛手绘，共从中挑选一百只最重要的展示给读者。这部作品在绘画上的价值与其信息价值同等突出。书中收纳鸟类的标本一再于动物学会的科学会议上被展出，关于鸟类的介绍也在后续的报告中被不断引用。在最初收藏的基础上，后来又加入了一些牛津阿什莫林博物馆、格拉斯高博物馆、利物浦博物馆以及肖尔先生个人的藏品，并都已收入作品。随着此书的完成，关于各类鸟的介绍和绘图将一并匹配问世。

书中原有的90只鸟现已存入动物学博物馆，大部分由古尔德先生捐赠。其余十只鸟的去向可以参阅其相应介绍。

针对各种鸟的地理分布等大量系统信息，作者很难就目前有限的一些收藏断定。然而，本书在鸟类学研究中仍旧提供了许多有效信息，启发了研究者。有一点最大的特色便是发现一部分看似北部的鸟类也生存在相对偏南的纬度地区，由此可以推断南部的海拔为鸟儿提供了与北部同样的气温。在北欧，那里的松鸦、星鸦、山雀、金翅雀、灰雀、乌鸦、杜鹃、啄木鸟和贴行鸟在身体结构和毛羽颜色方面其实和英国当地的相应鸟类并无很大差别。而英国的野鸭也有很多曾出现在北欧的山地。另外一些会游泳常在水中生活的鸟类习性上虽不完全相同，但外形上和北欧的同类鸟毫无二致。

喜马拉雅山脉将亚洲南北阻隔，我们猜想有许多南部的物种应该和北部是有关联的。因此我们最近在喜马拉雅山脉发现了一些属于印度和东部群岛的鸟类被冠以不同的名称。非洲和印度的某些常见鸟类也在此地有所分布。而澳大利亚的许多鸟类也在东部群岛和印度大陆能够见到，最远可至北部尼泊尔山区。

当然这里还存在一些特有的品种，至少它们主要生活于此，其中最重要的是雉科，特明克先生将其定名为虹雉属，著名的有棕尾虹雉。另外还有带冠羽的雉属鸟类，以及带角的鸟类，居维叶先生将其定名为角雉。此外，还有一种伯劳科鸟类，一种画眉，和一种近似涉鸟的水禽。它们都是通过本书首次展示给世人。

编者

1831 年

图版 1.　蛇雕印度亚种 *Haematornis Undulatus*

　　蛇雕属鸟类在喜马拉雅地区目前已知有三种，其品种明确、外形相似、个体特征有细微且明显差别。结合体能、身形和喙长及凶猛度判断，它们与隼形目鹰科近似。另外，其足背多皱，成六边形鳞状，又偏似鹗科鱼鹰。

　　在两只经过研究的标本中，一属古尔德先生个人收藏，其二由尼泊尔英国公民霍奇森先生最新提供。二鸟特征相似，大小有异，后者大于前者四分之一，原因不排除雌雄差别。双鸟背部和羽翼处呈褐色，头有冠，黑白相间；尾下覆羽带有浅红色带状花纹；翼覆羽为褐色，杂以白色小斑点；飞羽呈暗褐色，边缘处加深；内里杂以白色斑纹；眼边、鸟喙、鸟腿皆为黄色；爪尖黑色。

HÆMATORNIS UNDULATUS.

⅔ Nat. Size.

图版 2.　　红头隼 *Falco Chicquera*

图中此鸟起初仅藏一只，后期又由富兰克林少校和赛克斯上校相继带回一批到英国，故得以进而研究。经细致逐个比较推断，图中为羽翼丰满的成熟雌鸟。此类鸟一大特点即雄性体型比雌性略小。

红头隼广泛生活在印度地区。据上文提到的两位旅行者描述，其在孟加拉和德干地区为常见鸟类。

带回过此种鸟类的旅行家们目前仍无一就其习性有所介绍，鸟类学出版物中亦对此缺乏详细描述。然而从体型上看，红头隼翼短，猎食猛禽，喙坚硬，足短爪利。其在东方地位与英国北部地区的游隼和其他隼科鸟类相似。

红头隼眼周与喙体呈黄色，喙端部为黑色；跗蹠亦呈黄色；头顶，枕部以及眼下绒毛为砖红色；颊部与喉部为白色；背、肩羽与覆羽皆为美丽的灰色，间有不规则模糊斑纹；初级飞羽黑褐色；尾羽蓝灰色，每片羽毛间有黑褐色细小横斑及宽阔的黑褐色次端斑，梢白；腹部为白色且带有褐色钩状斑纹。

FALCO CHICQUERA.

图版 3.　　印度雕鸮 *Otus Bengalensis*

　　印度雕鸮最先出现在莱瑟姆博士的著作《鸟的通史》中，并被归类于大雕的一种。尊敬的富兰克林少校从印度收集来的飞禽中恰好包括此鸟，根据其习性特征被鉴定为新鸟种。经反复精细研究，本人支持少校的观点。这种鸟活动范围极为广泛，在印度所有低地以及喜马拉雅山脉高处普遍可见，数量庞大。图中标本即是从喜马拉雅山脉收集而来。尊敬的肖尔先生珍贵手稿中记录了大量准确可靠的私人观察材料，包括：筑巢于树，由大小枝桠构成，雌性每次产两只大卵，卵为白色，间杂深褐色斑点。当地人认为其为鸢属，凶猛，能够捕食野猫。

　　肖尔先生在绘本中将其虹膜画为黄色，据赛克斯上校描述，虹膜外缘呈深橙色，至内部渐变为黄色。包括短耳鸮在内的此类雕鸮，虹膜明亮，喜欢日间活动。赛克斯上校回忆，不像夜行动物，此鸟在白天大量活动，很像鸢。

　　上校补充道，此类鸟经常活动在广袤平原，栖息于大石上。少数几次也曾在幽谷隐蔽处被发现。它们最喜捕食老鼠，甲虫和鸟类也是其食物。

OTUS BENGALENSIS.

图版 4.　斑头鸺鹠 *Noctua Cuculoides*

博物学家居维叶先生曾将这种小型猫头鹰归类于鸮形目，目前供研究的仅存一只。动物学家特明克的著作中曾提到一种非洲飞禽与其体型毛羽都很相似，不过其上体颜色偏红，横纹疏松发白，间杂深栗色不规则大斑点，胸部有规则斑纹。斑头鸺鹠羽毛颜色则更加规整，斑纹上部为褐色，下部由黄白色细致线条隔开，好似未成熟杜鹃。此种鸟类基本生活在喜马拉雅山脉地区，至今尚未从印度被带到过欧洲。

从大小上看，斑头鸺鹠接近欧洲的猫头鹰雀，习性也极其相似。

NOCTUA CUCULOÏDES.

Drawn from Nature and on Stone by J. Gould.   Printed by C Hullmandel.

图版 5. 冠鱼狗 *Alcedo Guttatus*

这类鸟的大小与南非巨型翠鸟相近，二者同属，背部有白色圆点。据目前考证，它们主要生活在喜马拉雅地区。现仅存标本一只，另有肖尔先生收藏一只，捕猎于印度德拉敦附近，并带回英国。

肖尔先生的藏品几无二致，其肋部带有灰色模糊横纹，喉部也围绕新月形褐色条纹。虽然此特征不普及，但在特定季节的大量该类鸟身上都有出现。肖尔先生认为这种鸟雌雄毛羽雷同。它们靠捕食鱼类、水生昆虫生存，当地又称鱼虎。据肖尔先生考察，冠鱼狗喜爱用泥土和草类在大石上筑巢，犹如燕子，每次产卵四枚。

ALCEDO GUTTATUS.

图版 6. **印度铜蓝鹟** *Musicapa Melanops*

　　这种捕蝇鸟特别之处在于其颜色，并不同于东方常见的猩红色与英国北部的绛红色。目前已知毛羽最接近印度铜蓝鹟的是霍斯菲尔德博士介绍到科学界的铜蓝鹟，但从习性推断二者并不是同一种。

　　对印度铜蓝鹟的习性尚知之甚少，不过我们在印度其他地区收藏的鸟中也看到过此鸟，因此可以推断其分布广泛，常见于德干高原和喜马拉雅山脉海拔适中地区。食物的充沛保证它们长期生活在某处，软翅昆虫深受它们喜爱。

　　印度铜蓝鹟的上下身表面呈铜蓝色，在不同光照耀下散发各种绿色的光泽；其喙、腿及眼与喙根之间皆为黑色；雌性要少于雄性，其长相相似，但色泽偏暗，喙与眼间没有黑色印记。

MUSCICAPA MELANOPS.

图版 7.　赤红山椒鸟 *Phaenicornis Princeps*

在此画问世之后，这种颜色鲜艳的鸟及其相似的鸟种才被斯旺森先生将其和传统的捕蝇鸟区分开来。它们被归为山椒鸟属。在这一属鸟类中，斯旺森先生就其特性给予了准确的划分，我们在书中绘出了三种同属的鸟类，而赤红山椒鸟是其中体型最大，颜色最出众的。除了鸟喙略微坚硬一些之外，它和其他鸟的特点相似。

在目前的个人收藏中我们仅有一只得以作画，而且只有雄鸟，尚未见过雌鸟。就其历史我们知道的很有限，仅知道它分布在喜马拉雅地区。

雌鸟头部、喉部、肩羽和背上部、翼覆羽、初级飞羽和次级飞羽端部呈黑色；尾羽的中间两枚呈深黑色；羽翼中间带有的大斑点，次级飞羽边缘和其他羽毛都是鲜艳的橙红色。

MUSCIPETA PRINCEPS.

Drawn from Nature & on Stone by E. Gould.   Printed by C. Hullmandel.

图版 8.   短嘴山椒鸟 *Phaenicornis Brevirostris*

作为山椒鸟属的一种，短嘴山椒鸟从头至背在许多方面与赤红山椒鸟相似，如身材大小一致，但也有充分的特征区分二者，因前者喙明显短小，尾部也更长，使得体态曼妙优美。雄性短嘴山椒鸟身上的深红色羽毛较雌性会显得更强烈。

和同属的鸟类一样，雌鸟呈橘黄色，雄鸟为明亮的猩红色，其身上的黑色羽毛间有灰色，泛有橄榄色光泽。

目前研究显示，短嘴山椒鸟为喜马拉雅地区特有鸟类，在我们从印度其他地区收集来的标本中，确实不曾见到过。肖尔先生说过："它们活跃于丘陵地带，尤其是较为温暖的地方，有时会看到它们成群活动。而赤红山椒鸟却在整个印度大陆及周围岛屿分布广泛。短嘴山椒鸟雄鸟为猩红色，次级飞羽边缘呈浅猩红色。

MUSCIPETA BREVIROSTRIS.

1 Male 2 Female

图版 9.   小山椒鸟 *Phaenicornis Peregrina*

该属有趣的捕蝇鸟中，小山椒鸟体型最小，颜色最普通，不过从主要特点上看在类鸟中相当典型。比起其他同属鸟，其分布更加广泛，在印度的山地和平原地带都很常见。富兰克林少校曾对其实地观察，他收集的藏品中便有几只。遗憾的是对小山椒鸟的习性我们知之甚少，也基本找不到相关可靠记录。

成熟的雄鸟为铅灰色；头上部、后背、脸颊、喉部、肩部、覆羽，以及四根尾部羽毛皆为黑色；胸部与尾部呈猩红色；羽翼上带有白色斑纹；下体为银色，稍带些许橙色。

雌鸟颜色比较统一，喉部与上体呈灰色；四枚中间尾羽棕黑色；外层尾羽、臀部与翅膀为浅橙色；羽翼中间带有斑点。

MUSCEPETA PEREGRINA.

图版 10. **黑短脚鹎** *Hipsipetes Psaroides*

已收藏的两三只黑短脚鹎是其中一种，然而科学界后又鉴定出其他两三只此鸟，颜色有差别。

很遗憾我们对黑短脚鹎的习性尚未收集到相关信息。总体上看，此鸟翼尖，尾阔，呈叉形。跗骨短小。常于半空飞翔，筑巢于树，善于空中捕食。

经研究，雌雄黑短脚鹎毛羽几乎一样，头部长有细黑冠毛；外表呈灰色，下体颜色渐浅；翼尖与尾部呈棕黑色；两颊略有几根黑色羽毛；鸟喙与跗蹠为橙色。

HYPSIPETES PSAROIDES.

图版 11.　　黑头红翅伯劳 *Lanius Erythropterus*

这种奇异的鸟现已收藏两三对，是我们研究的仅存对象。结合其身形以及尾部短小，跗骨长的特点推断该鸟与其所属鸟类的典型外貌存在差异。我们还在等待进一步对其习性的介绍，以便断定其生存状态。雌雄黑头红翅伯劳的颜色反差很大。

雄鸟头顶、后颈、翅膀与尾巴皆为黑色，泛绿光；羽翼尖部为白色；次级覆羽为栗棕色；背部与臀部完全呈灰色；喉部、胸部及下体白色带有玫瑰色斑痕，集中在侧羽和腿根部位；上颌黑色，下颚灰色；跗骨黄色。

雌鸟头与枕部呈深灰色，背部浅褐，肩羽和翮羽边缘为橄榄绿；雄鸟则为黑色，尖部发白。雌性尾部由橄榄绿渐变至黑色，每枚羽毛梢处呈黄色；胸部及下体褐白色；喙与跗骨和雄性一样。

LANIUS ERYTHROPTERUS.

1 Male   2 Female

Drawn from Nature & on Stone by J. Gould.   Printed by C. Hullmandel.

图版 12. 　**褐背伯劳** *Collurio Hardwickii*

为了纪念托马斯·哈德威克少将，褐背伯劳也称哈德威克伯劳。其体型比欧洲红背伯劳略小，但二者习性极为相近。它们在印度分布广泛，收藏的标本中既有来自平原又有来自山地的。

该鸟额头上有一圈黑色斑纹，覆盖眼睛，一直延伸到枕部；羽翼为黑色，中间有白色斑点；其头顶、下体、尾部覆羽以及两根横向尾羽为白色；四根尾中羽毛黑色，尖部白色；枕部及背部下方呈灰色；背中部和腹部两侧为铁锈色。

 　　　　　棕背伯劳 *Collurio Erythronotus*

从颜色上看，棕背伯劳与前面的褐背伯劳相似，但体型稍大。其数量稀少，生活在山地。

它的前额有一条过眼斑纹直达颈部，上白下黑；翅膀为黑色中间有白色斑点；四根尾中羽毛黑色，尖部白色；头顶、枕部、披风与横向尾羽皆为灰色；腹部下方铁锈色；喉部及胸部白色。

图中所绘应该是以上二鸟的成熟雄鸟。

1. COLLURIO HARDWICKII.
2. _____ ERYTHRONOTUS.

Drawn from Nature & on Stone by E. Gould.   Printed by C. Hullmandel.

图版 13.　　栗腹矶鸫 *Turdus Erythrogaster*

　　这种美丽的画眉与同属的典型鸟类在颜色上区别很大，若不从生活环境上看，许多方面它更像是鸫的一种。它们独立生活在多山石地带，从未在低地被发现过。

　　雄鸟上体表面呈深灰蓝色；脸颊、颈部两侧及翮羽为黑色；胸部和整个下体为红褐色；鸟喙和跗骨为黑色。

　　从图中可见，雌性与雄性差异很大。雌性上体表面为褐色；颈部两边带有偏黄的白色斑纹；下体颜色相同，间杂褐色斑点。

TURDUS ERYTHROGASTER.

图版 14.　　灰翅鸫 *Turdus Poecilopterus*

　　不同国家的鸟类在温度相似的情况下会具备一定相似性，如灰翅鸫就与英国的黑鸫很相近，它们产自在印度的特定海拔地区，那里温度很像欧洲。若不是雄性灰翅鸫羽翼上有大的黑色斑纹，人们很容易将其与黑鸫混淆。据目前所知，在印度的炎热平原是没有灰翅鸫生存的。作为一种珍惜鸟类，我们目前仅存藏品一件。雌雄灰翅鸫的羽毛差异要比黑鸫的明显。

　　雄鸟羽毛为黑色；羽翼中部带有灰色块状斑纹；鸟喙黄色；翩羽为浅褐色。

　　雌鸟上体为浅黄褐色；羽翼微带红褐色；下体表面为灰褐色；鸟喙及翩羽与雄鸟相同。

TURDUS PŒCILOPTERUS.

1 Male. 2 Female.

Drawn from Nature & on Stone by E. Gould.　　　　Printed by C. Hullmandel.

图版 15.　　眼纹噪鹛 *Cinclosoma Ocellatum*

　　眼纹噪鹛，短尾斑翅鹛属，是一种珍稀鸟类，与画眉、伯劳和乌鸦有相似性但不同属。我们的博物馆中仅藏一只，但之前并没有关于此鸟的描述、绘画和样本。

　　从其背部疏松的羽毛、圆形短翅和修长的踝骨上看，它很像南非的丛鹛，经考察，二者在习性上也类似。眼纹噪鹛喜欢在山地生活，尤其是偏僻的地区。

　　此鸟头顶有黑褐色冠羽；脸颊、羽翼、整个上体及两根中间尾羽呈红棕色；背部每根羽毛端部呈白色；上体有黑色斑纹和白色斑点；喉部为深褐色；胸部红褐色，带黑色斑纹；下体为浅褐色，尾部外围翮羽为深银灰色，端部白色；鸟喙与跗蹠褐色。

CINCLOSOMA OCELLATUM.

图版 16. 　**杂色噪鹛** *Cinclosoma Variegatum*

　　与即将介绍的下一种鸟一样，杂色噪鹛也是噪鹛属，其特征和基本习性相似，尤其是圆形短翅、凸尾和健壮的跗骨。不过从体型上看，杂色噪鹛明显偏小。尽管我们认为此鸟同样生活在山地，但它更常见，我们喜马拉雅地区的藏品中也不止一只。雌雄杂色噪鹛在羽毛颜色上很像画眉鸟，几乎没有性别差异。

　　鸟喙根部开始有一条黑色斑纹覆盖眼睛直达枕部，色泽逐渐变浅；前额与脸颊为浅棕白色，喉部黑色；整个上体为灰橄榄色；肩羽和翼中带有明显的黑色斑纹；翮羽外缘灰色，内里为黑色；中间尾羽底色呈黑色，外层黄橄榄色，尖部白色；胸部浅灰，尾部覆羽下层红褐色；鸟喙褐色；跗骨浅褐。

CINCLOSOMA VARIEGATUM.

图版 17.　　红头噪鹛 *Cinclosoma Erythrocephalum*

　　红头噪鹛与下面即将介绍的白冠噪鹛一样，都是喜马拉雅山脉特有的品种。感谢肖尔先生提供手稿为我们对其习性研究素材，他曾告诉我们，在印度库蒙地区，这种鸟很常见，它们喜爱隐蔽的山谷，在险峻的一面用小树枝和草筑巢，每次产卵四枚，卵是天蓝色。

　　与画眉相似，红头噪鹛在羽毛颜色上几乎没有雌雄差异，不过雄鸟脑后的羽毛稍显杂乱。其上体为灰橄榄色；颈部、枕部及肩羽上的斑点为深红褐色；喉部黑色；颈部间杂黑色半月形大斑点，直到胸部变小而模糊；下体浅灰泛红色；鸟喙黑色，跗骨铜褐色。

CINCLOSOMA ERYTHROCEPHALA.

图版 18. 　白冠噪鹛 *Cinclosoma Leucolophum*

我们现有藏品中尚无白冠噪鹛。此鸟有多种命名，而名字中带有噪鹛是指其外形与主要特征都与该属的其他鸟类近似。

哈德威克上校告诉我们，该鸟在印度的名字叫 Rawil-Khuy, 或 Rawil Khuy, 当地居住的英国人把它称为"笑鸦"。它们喜欢二十到五十只群居，叫声好似许多人在一起大笑。白冠噪鹛广泛生活在哈德瓦（Hurdwar）与思林那谷（Sireenagur）地区之间的森林里，以那里的水果为食。

其背部、羽翼和两侧皆为橄榄褐色；尾羽红褐色；头顶饰有高耸的圆形羽毛；从鸟喙底部穿过眼睛直到耳羽有一条黑色线条，除此头部、喉部及胸部皆为白色；冠羽至枕部呈墨黑色；颈后部有一条红褐色斑纹，到两侧变窄，胸部变宽，直至与身体其他部位的橄榄褐色融合；鸟喙与跗骨为黑色。

身长 11 英寸，翅膀 5.25 英寸，鸟喙 1.12 英寸，跗骨 1.75 英寸，尾长 7.25 英寸。

GARRULUS LEUCOLOPHUS.

Drawn from Nature & on Stone by E. Lear.   Printed by C. Hullmandel.

图版 19.　　蓝头矶鸫 *Petrocincla Cinclorhyncha*

　　从体型上看，蓝头矶鸫比起欧洲大陆的矶鸫要小得多。从斑纹排列看，它又与同属鸟类的典型特征有差异，与仙鹟确有几分相像。这种珍稀鸟类，我们在山地曾捕获两只，然而其活动范围不仅限于此，赛克斯上校和富兰克林少校也曾在低地捕获过几只。就其习性我们知之甚少，只了解到此鸟与同属鸟类一样，喜欢生活在多岩石地区。

　　在目前收集到的英国标本中，所有蓝头矶鸫长相差异不大，如果不是在恰巧它们都是雄性的情况下，我们可以推断，雌雄蓝头矶鸫毛羽颜色一样。

　　它们捕食各种昆虫以及高山植物的果实和浆果。

　　其头顶、枕部、喉部和肩羽呈天青石蓝色；脸颊、背部和羽翼为黑色；翅膀次羽上带有一条白色条纹；尾部黑色，间有蓝色光泽；胸部、下体、臀部和尾部覆羽为明亮的红褐色；鸟喙黑色，跗骨褐色。

PHŒNICURA CINCLORHYNCHA.

图版 20. 　　**马拉啸鸫** *Myophonus Horsfieldii*

　　作为鸫科的一种鸟类，马拉啸鸫得名是为了纪念伟大的科学家马拉博士。特明克先生最先认定其为独立鸟种，从现有标本及下一幅图中的紫啸鸫西藏亚种分析，此观点进一步得到证实。目前对该鸟的习性和生活方式尚无确凿信息，我们只能从其偏长的跗骨和身形推测，它善于捕食地表的蠕虫、昆虫及其幼虫。

　　尽管我们知道马拉啸鸫在喜马拉雅地区生活，但后来我们也在平原地区发现过大量该鸟。因此很难断定它只生活在高地。已知的被捕获地南至金奈。

　　此鸟整体为黑色，光下泛蓝色；双眼间跨前额有一条深蓝色半月形条纹，肩羽颜色相同；头部、颈部和胸部乌黑，但胸部下方和腹部每片羽毛边缘呈优雅的白色；背部、羽翼和尾部为黑色，泛有蓝色光泽，在特定光照下呈三基色；鸟喙与跗骨为黑色。

MYOPHONUS HORSFIELDII.

图版 21. 紫啸鸫西藏亚种 *Myophonus Temminckii*

紫啸鸫西藏亚种体型大小与紫啸鸫爪哇亚种相同，但色彩更强烈明亮，深受人喜爱。然而与爪哇亚种最大的不同是西藏亚种的鸟喙更纤细，跗骨更长，尾部与身体比例也更长些。

这两种鸟生活地区迥异，西藏亚种活跃在印度大陆高海拔地区，而后者仅生活在爪哇、苏门答腊岛及东部群岛。

肖尔先生在手稿中记录，紫啸鸫西藏亚种大量生活在喜马拉雅山区、德拉敦温暖地区、古沃尔的较寒冷地区。在当地的名字是 Kuljet。其习性很像英国的乌鸫，除此以外没有进一步可靠信息。

紫啸鸫西藏亚种通体为黑色，光下呈天蓝色；前额与肩羽为明亮的天青石蓝；背部、颈部两侧和胸部羽毛极其光滑，泛有金属光泽；翩羽呈黑色，鸟喙黄色，嘴峰处加深；跗骨为黑色。

MYOPHONUS TEMMENCKII.

图版 22. **大长嘴地鸫** *Zoothera Monticola*

在本书出版期间，这种奇特的鸟类科学界只收藏了一只。不过后来又从尼泊尔山区收集来第二只，目前成为东印度公司的藏品。

该鸟上体大致呈深褐色，喉部和颈前部布有白色纵纹；胸部褐色，间有深褐及白色斑点；下体白色，带有不规则褐色斑点；鸟喙与跗骨为深褐色。

大长嘴地鸫的许多习性颇像钩嘴鹛，主要区别在于前者鸟喙更坚硬高耸。不过二者的相似性可能会导致大长嘴地鸫的地位由此消失。

ZOOTHERA MONTICOLA.

图版 23.　　蓝翅八色鸫 *Pitta Brachyura*

　　由于此鸟已在不止一人笔下有所描述，本书对这种美丽的鸟的介绍大概不会对科学界提供更多新鲜信息。但我们有意指明的是，蓝翅八色鸫并非如普遍介绍的那样仅生活在印度的温暖地带，在喜马拉雅山区的较寒冷地区也能找到它们，我们的藏品即是从此而来的。在印度的纽荷兰地区也曾发现多种蓝翅八色鸫。

　　与同属的鸟类一样，蓝翅八色鸫为陆生，食物来源完全来自陆地表面，主要包括昆虫、蠕虫、蜗牛等。其大体习性和食物与画眉相近。毛羽色彩是蓝翅八色鸫要比画眉生动夺目，但其尾部与整体不成比例，显得怪异，在体态上稍显逊色。

　　蓝翅八色鸫背部为亮油绿色；翼覆羽黑色带有白色条纹，尖部呈灰色；肩羽及腰部为亮粉蓝色；头部前额至枕部为深栗褐色；冠纹黑色；眉纹呈茶黄色；眼先、颊、耳羽和颈侧都是黑色，并与冠纹在后颈处相连，形成领斑状；喉部白色；胸部及下体黄褐色；尾下覆羽猩红色；跗蹠牛角色。

PITTA BRACHYURA.

Drawn from Life & on Stone by E. Gould.   Printed by Hullmandel.

图版 24.　　褐河乌 *Cinclus Pallasii*

　　此鸟另由特明克命名帕拉斯乌，以纪念德国博物学家帕拉斯。在本书出版之前，尚无图片问世。作为一种颇有趣味的鸟类，褐河乌在我们的收藏中比较少见，但它在新旧大陆其实非常普及。所以我们选入绘本介绍到研究界。

　　在欧洲，我们比较熟悉的是褐河乌与巴尔干亚种河乌。不过据斯旺森先生考察，印度还存在有别于褐河乌的第三种同属鸟类。

　　褐河乌的习性与巴尔干亚种相同，长出没在山中溪流处，水下捕食鱼苗鱼卵、水生昆虫及其幼虫。

　　我们推测此鸟生活在喜马拉雅山脉的偏远北部。其通体呈深褐色，雌雄无异，但随年龄有所变化。

　　图为成熟雄性褐河乌。

CINCLUS PALLASII.

Drawn from Nature & on Stone by J. Gould.   Printed by C. Hullmandel.

图版 25. **蓝喉仙鹟** *Phoenicura Rubeculoides*

此鸟胸部颜色与我们这里的知更鸟相似，它们很有可能生活在喜马拉雅山脉的高地。从体型上看，蓝喉仙鹟更偏属鹟科鸟种，而非鸫科。

它们爱食小昆虫、蠕虫和毛虫。据目前观察，雌雄羽毛颜色几乎相同，但有可能不完全一致。

其上体表面为蓝黑色；额部、眼上线条及肩头为天青石蓝；胸部红棕色；下体白色；鸟喙黑色；跗蹠深褐色。

 蓝头红尾鸲 *Phoenicura Coeruleocephala*

前一种我们介绍的蓝喉仙鹟，习性与鹟科鸟种颇为相似。而现在介绍的这只小型鸣鸟，从翅膀和跗蹠长度判断，则与鸫科鸟类一致。

由于对其了解有限，我们还不知道蓝头红尾鸲的捕食习惯，或是雌雄差异。但从其肢体长度判断，此鸟与同属其他鸟类应该都是陆生。

蓝头红尾鸲头顶灰蓝色；背部、喉部、胸部和尾巴为黑色；羽翼深褐色；肩羽和次级覆羽外缘为白色；腹部发白，鸟喙与跗蹠黑色。

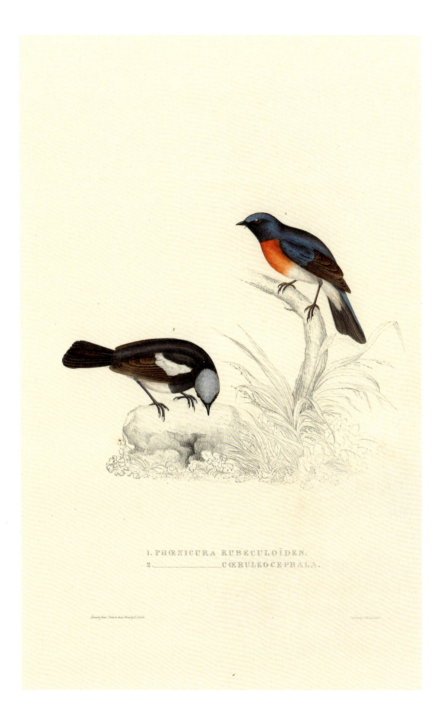

1. PHŒNICURA RUBECULOÏDES.
2. _____ CŒRULEOCEPHALA.

图版 26.　蓝额红尾鸲 *Phoenicura Frontalis*

红尾鸲属中包含众多美丽的鸟类，蓝额红尾鸲便是其中典型的一种。它体态优雅，数量很少，目前除了图中所绘这只还没有其他藏品。因此我们没有关于它习性的记录。

蓝额红尾鸲头顶、背部和胸部为黑色，泛蓝色光泽；前额至眼部为天青石蓝；翼羽褐色；腰部与下体呈明亮的红褐色；尾羽红褐色，端部黑色；中间两只尾羽全黑色；鸟喙和跗蹠黑色。

白顶溪鸲 *Phoenicura Leucocephala*

这种鸟喜欢栖居在山谷边缘和溪流附近，它们在那里可以跳跃石头和岩石的缺口捕食当地特有的昆虫。

从藏品数量庞大推断，白顶溪鸲在喜马拉雅地区应该是常见鸟类。雌雄的外形差异也不大。头顶和枕骨为白色；整个上体和背部为黑色；下体及尾部为明亮的栗色；尾尖黑色；鸟喙和跗蹠黑色。

1.PHŒNICURA FRONTALIS.
2.PHŒNICURA LEUCOCEPHALA.

图版 27.　斑背燕尾 *Enicurus Maculatus*

　　燕尾属的鸟类中已经介绍过两种，现在的斑背燕尾是第三种。据我们观察，燕尾属是亚洲大陆及附近岛屿特有的鸟群。斑背燕尾的特点明显，背部和肩上的白色斑点与同属其他鸟不同。

　　体型上，斑背燕尾要小于霍菲尔德所归纳的燕尾属鸟类，其尾部要更长。此鸟在喜马拉雅山区数量庞大，不过并未在低地或岛屿出现。斑背燕尾动作优雅活泼，掠过地面飞行时轻快敏捷，比英国的鹡鸰更加灵巧。它们捕食昆虫。筑巢的相关信息，我们暂时还没有获得。

　　斑背燕尾额头白色；头、颈和胸部乌黑；后颈下部贯以一道白色缀黑的横带，呈半月形；背部黑色，肩部、腰部、腹部和两对外围尾羽白色；羽翼棕黑色；尾羽黑色；羽基和羽端均白；鸟喙黑色；跗蹠肉色。

ENICURUS MACULATUS.

图版 28. 　　小燕尾 *Enicurus Scouleri*

幸得格拉斯哥爱迪生博物馆的施罗博士慷慨帮助，我们得以为燕尾属添加第四位成员。小燕尾的拉丁语名中我们专门以施罗命名，以表感谢。

作为燕尾属中体型最小的鸟类，它们在同属鸟类中稍有不同。其尾巴不像其他燕尾属鸟类为剪刀形、有层次感，而是长度适中、微呈叉形。

习性上，小燕尾与同属鸟相似，但数量很少，分布在喜马拉雅的偏远地区。

鸟额、鸟冠白色；枕部、颈部和胸部墨黑色；羽翼黑色有宽白色条纹；内侧飞羽带有白边；中央尾羽先端黑褐色，基部白色；外侧尾羽的黑褐色逐渐缩小，而白色却逐渐扩大，至最外侧一对尾羽几乎全为白色；下体余部白色；两胁略沾黑褐色；鸟喙黑色；跗蹠浅肉色。

ENICURUS SCOULERI.

图版 29. **黄颊山雀** *Parus Xanthogenys*

作为已知的山雀属体型最大的鸟类，黄颊山雀大小和英国的大山雀相似，长相上也大体一致，但区别是前者头上有冠。此鸟在山雀属中毛羽颜色无与伦比，习性上是典型的山雀属。

头顶有黑色鸟冠；枕部、眼先、脸颊为黄色；耳部有黑色斑纹；背部橄榄色；羽翼和尾部黑色；翼间有白色斑点；尾端白色；喉部至腹中部有一条黑色宽条纹；胸部两侧、肋部浅黄色；鸟喙和跗蹠黑色。

 绿背山雀 *Parus Monticolus*

据记载，绿背山雀主要栖居在喜马拉雅山脉的高原地区，其拉丁语的意思就是高山。很明显，它与欧洲的大山雀类似，但博物学家认为其具备充足特征成为独立鸟种。

绿背山雀头顶、枕部、颈部、喉部和胸部墨黑色；腹部中央有一宽的黑色纵带，其前端与黑色的胸相连，后端延伸至尾下覆羽；脸颊至枕部有白色斑块；背部橄榄色；羽翼黑色，羽端白色；肩羽端部也是白色，泛有蓝色光泽；鸟肋黄色；鸟喙和跗蹠黑色。

1. PARUS XANTHOGENYS. 2. PARUS MONTICOLUS.

图版 30.　　红头长尾山雀 *Parus Erythrocephalus*

这种灵巧的小鸟是该属中体型最小的，色彩漂亮、体态优雅，在研究界为新品种。山雀属鸟类头部和上体大都是灰色、绿色和褐色，红头长尾山雀因此很特别。图中所画这只被英国唯一收藏，据考察，它们生活在喜马拉雅高地。

其上体为灰褐色；头顶为深红棕色；眼先有白色条纹通过；鸟喙与眼之间、脸颊皆为黑色；喉部白色；颈部中间有黑色斑块，直达喉部；下体白色，略显红棕；鸟喙黑色；跗蹠肉色。

黑冠山雀 *Parus Melanolophus*

黑冠山雀是该组中一种美丽的鸟，栖居地与同属鸟相同，很像是欧洲的小型山雀，在鸟羽和外形上大致相同，但它有鸟冠，冠大小与凤头山雀的一样。

头顶黑色冠羽；两颊与枕部白色；颈部两侧和整个胸部为黑色；背部呈银灰色；羽翼和尾部褐色；胸部两边和尾部覆羽红褐色；鸟喙黑色；跗蹠褐色。

1. PARUS ERYTHROCEPHALUS.
2. _____ MELANOLOPHUS.

Drawn from Nature & on Stone by J. Gould.

Printed by C. Hullmandel.

图版 31.   点翅朱雀 *Fringilla Rodopepla*

图中两鸟皆为燕雀属，点翅朱雀是该属中体型最大的。点翅朱雀与玫红眉朱雀和美洲的两三种鸟类一起，它们构成了介于严格的燕雀与灰雀之间的有趣种群。其习性与欧洲同属鸟类一致，毛羽上也会有所变化。

上体颜色为褐色；头顶呈玫瑰色；眼周有玫瑰色宽纹；羽翼和尾部褐色；翼覆羽边缘呈玫瑰色；整个下体玫瑰色；鸟喙和跗蹠牛角色。

 玫红眉朱雀 *Fringilla Rodochroa*

玫红眉朱雀体型要小得多，下体主要是玫瑰色，也分布在喜马拉雅山区。

头顶为红褐色；眼上部、喉部和下体为玫瑰色，在特定光线下泛银色光泽；背部和羽翼深褐色；腰部玫瑰色；尾部褐色；鸟喙和跗蹠牛角色。

1.FRINGILLA RODOPEPLA.

2.FRINGILLA RODOCHROA.

图版 32.　　红头灰雀 *Pyrrhula Erythrocephala*

作为灰雀属的一种全新鸟类，红头灰雀与欧洲的灰雀大体特征相同，但其尾部呈叉形而非平行。红头灰雀头部由红棕色变为猩红色，而欧洲灰雀大多为黑色。

在欧洲的藏品中，这种鸟类非常罕见。本书酝酿之时，只有一件标本收藏在格拉斯哥爱迪生博物馆中，这为我们的绘画和描述提供了条件。此后又有两只标本到达英国，一只放在大英博物馆，另一只收在动物学会博物馆。这三只是已知仅有存于欧洲的了。

对红头灰雀的习性尚无可靠记录，我们也难以断定其分布，但可以肯定此鸟生活在印度大陆的山区。

鸟喙基部有黑色带斑围绕；头顶、枕部和颈后部棕红色，有猩红色光泽；背部橄榄灰色；肩羽灰色有黑色带斑；翼覆羽和尾羽为明亮的墨黑色，带蓝绿色光泽；腰部白色；下体白色，有红棕色渲染；鸟喙黑色；跗蹠褐色。

PYRRHULA ERYTHROCEPHALA.

Drawn from Nature and on Stone by J. Gould.   Printed by C. Hullmandel.

图版 33.　　红额金翅雀 *Carduelis Caniceps*

在不列颠岛上的大多数鸟类都能在全球最偏远的地区找到相似的物种，而红额金翅雀就是其中最明显的例子。尽管有些不同，但乍看上去此鸟就是我们这里的金翅雀。其体型、色彩搭配、红额头以及羽翼的金色斑纹使英国的博物学家不得不想到金翅雀。目前对其习性我们还不甚了解，但推断这是一种珍稀品种。

红额金翅雀额头、眼先、下颚与喉部为猩红色；头顶、枕部和背部为橄榄灰；羽翼黑色间有金色带状纹；腰部白色；尾部黑色，两枚中间尾羽端部和外围尾羽的内里呈白色；下体表面浅棕灰色；鸟喙与跗蹠为肉色。

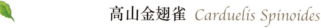 **高山金翅雀** *Carduelis Spinoides*

高山金翅雀很像是英国的黄雀，它们的近似度与刚才提到的红额金翅雀与金翅雀的近似度不相上下。二者体型和栖居习惯大致相同，尽管前者来自遥远的喜马拉雅山区，但外表看上去极其相似。

与红额金翅雀一样，我们对其习性的了解还不多，只能从本地的黄雀的生活方式与捕食习惯进行推断。

高山金翅雀额头、枕部、颈部两侧、肩部、大覆羽和下体为黄色；背部黄褐色；飞羽和尾羽端部黑色；尾羽基部黄色；鸟喙肉色，喙峰处加深；跗蹠为浅肉色。

1. CARDUELIS CANICEPS.
2. ———————— SPINOIDES.

图版 34. 　　**斑翅八哥** *Lamprotornis Spilopterus*

　　乍看上去，体型上斑翅八哥大体与丽椋鸟属一致，但其靓丽光泽的毛羽格外突出，似乎与该属有所偏离，虽总体习性上还是相似的，但仍被独立命名为新物种斑翅八哥。

　　此鸟分布在山区，雄鸟的上体灰色，杂有蓝褐色斑点；腰部褐色；覆羽亮黑色有绿色光泽，基部有白色条纹；尾部深褐色；喉部为明亮的红褐色；下体白色，有红褐色渲染，肋部加深；鸟喙和跗蹠深褐色。雌鸟上体大致为灰褐色，至下体逐渐变浅。

LAMPROTORNIS SPILOPTERUS.

1.Male 2.Female.

Drawn from Nature and on Stone by E.Gould.

Printed by C.Hullmandel.

图版 35.　　朱鹂 *Pastor Traillii*

利物浦博物馆藏有此鸟，雌雄各一。其拉丁语名称以 Triall 博士命名，并获准出版。朱鹂很有可能被鉴定为一种新物种，但目前，从习性和外貌上看，它仍属椋鸟。Triall 博士描述，朱鹂分布在喜马拉雅地区，尚无对其习性的详细记载。由于仅此一只，显得格外珍贵。

雄鸟的头部、颈部和羽翼为黑色；其余部分均为深红色；雌鸟头部、颈部和覆羽黑色；上体褐色；尾羽浅红褐色；下体发白，间有褐色纵纹。

PASTOR TRAILLII.

图版 36.　　**星鸦西藏亚种** *Nucifraga Hemispila*

在该鸟被发现以前，已知的星鸦属鸟类仅有一种。星鸦西藏亚种与欧洲星鸦的区别主要是体型较大，鸟喙不成比例，并且上体羽毛有斑点，而欧洲星鸦的斑点分布在其胸部和腹部。自然奇妙之处就在于，如此相似的同属鸟类竟然远隔数国的距离存在着。

和欧洲星鸦一样，星鸦西藏亚种也使用粗树枝筑巢，以大型昆虫、蠕虫和果实为食。通过其频繁被收藏的现象推断，它应该是常见鸟类。

星鸦西藏亚种头顶深褐色；背部、颈部两侧、脸颊和下体栗色，间有白色斑点，主要集中在脸颊和颈侧；羽翼黑色；中间两枚尾羽也是黑色，依次尾羽端部白色，其余均为白色，基部黑色；鸟喙和跗蹠黑色。

NUCIFRAGA HEMISPILA.

Drawn from Nature & on Stone by J. Gould.

Printed by C. Hullmandel.

图版 37.　　条纹噪鹛 *Garrulus Striatus*

　　这种有趣的鸟我们暂时归类于松鸦属，未来的进一步研究也许会最终证实其属于另外种群，因为它与松鸦属在习性上有所差异。比起传统的松鸦，条纹噪鹛的鸟喙更加扁长尖锐，此外其斑纹分布以及整体颜色也相当特立独行。

　　该鸟头部有红褐色冠羽；脸颊、颈侧和背部为褐色，泛有橄榄色光泽。每枚羽毛上都带有白色纵向窄纹；覆羽和尾羽红褐色；下体浅棕灰色，每枚羽毛中间为白色；鸟喙和跗蹠黑棕色。

GARRULUS STRIATUS.

Drawn from Nature and on Stone by J. Gould.

Printed by C. Hullmandel.

图版 38.　欧亚松鸦 *Garrulus Bispecularis*

　　这种美丽的松鸦具备该属的一切特征，据考察，分布在喜马拉雅山脉的林区。其习性和我们英国的松鸦比较相似。此鸟最引人注目的是其毛羽上的装饰，尤其是羽翼上的斑纹，由浅蓝色和黑色交替，呈现出一种绚丽的色彩；但其余部分比英国的松鸦要更平淡，胸部、头部和背部为深黄褐色，至下体变浅；鸟喙基部向下过脸颊至颈侧有黑色带斑；羽翼有蓝白黑相间斑纹；大覆羽墨黑色；飞羽黑色，边缘灰色；次级飞羽处也有蓝白黑相间斑纹；尾上覆羽白色；尾羽和鸟喙黑色；跗蹠肉色。

GARRULUS BISPECULARIS.

Drawn from Nature & on Stone by E. Gould.　　Printed by C. Hullmandel.

图版 39. 　　**黑头松鸦** *Garrulus Lanceolatus*

　　尽管黑头松鸦毛羽颜色在松鸦属中很典型，但在该属中并不典型；其有层次的尾羽和不那么坚硬的鸟喙更靠近鹊科鸟类。从外形和颜色上看，在美国和墨西哥也有类似的物种，这也证明了在气温相似的条件下相隔遥远的地域会孕育出相同的鸟类。

　　关于黑头松鸦的习性我们没有记载，只知道它分布在喜马拉雅山脉和临近的尼泊尔山地，至今的标本中尚未发现有来自印度其他地区的。

　　此鸟头顶有黑色冠羽，每枚羽毛上还带有蓝色细纹；脸侧和颈后部黑色；喉部有白色矛尖状长毛；背部和下体红灰色；肩羽黑色；小翼羽白色，有些上面带有黑色斑纹，基部蓝色；初级飞羽和次级飞羽带有蓝色和黑色带斑，每枚羽毛端部白色；尾部有蓝黑交替带斑，端部白色。

CAERULUS LANCEOLATUS.

Male

GARRULUS LANCEOLATUS.

Drawn from Nature and on Stone by E Gould.

Printed by C Hullmandel

图版 40.   **红嘴蓝鹊** *Pica Erythrorhyncha*

在所有鹊属鸟类中，红嘴蓝鹊的毛羽颜色和优美体态是无与伦比的。然而，在很多方面，它又是鹊属中最不典型的。其鸟喙的力度和角度有所差异，尾羽有分层，中间两枚尾羽比其余的长出一半。红嘴蓝鹊不只生活在喜马拉雅山区，也广为分布在整个中国。在出口到欧洲的中国绘画里，它是一种常见图案，所以我们怀疑其仿似英国的松鸦或喜鹊，是可以家养的。据推测，此鸟蛮横凶猛，肖尔先生在笔记中描绘，他所捕到的一只红嘴蓝鹊便可以捕捉活鸟，并直接将其吞食。林间观察，它们会在树枝间跳跃，尾羽修长，动作活泼，体态相当优雅夺目。

此鸟枕部和后颈部为白色；头部、颈侧和胸部黑色；背部、羽翼和尾羽亮蓝色；羽和尾羽端部白色； 尾羽上的白色之前还有黑色条纹；下体白色；鸟喙为明亮的橙色；跗蹠浅橙色。

PICA ERYTHRORHYNCHA.

图版 41. **棕腹树鹊** *Pica Vagabunda*

典型的喜鹊通常在一地稳定活动，而棕腹树鹊也在周围地区觅食，各处游走，跨越范围极大，但不固定。从其较短的跗蹠和长尾看，此鸟栖居于树上，这样可以得到充足的果实和浆果。而典型长腿长喙的喜鹊更适合在地上啄食。棕腹树鹊在印度地区分布广泛，是鹊属中数量最大的。

其头部、颈部、冠部为黑灰色；背部浅黄棕色；中部羽翼灰色；覆羽黑色；尾羽灰色带黑色边缘；下体浅黄褐色；鸟喙和跗蹠黑色。

身长 16.5 英寸，鸟喙 1.25 英寸，跗蹠 1.25 英寸，尾部 10 英寸。

PICA VAGABUNDA.

图版 42.　灰树鹊 *Pica Sinensis*

在哈德威克少将的调研下科学界发现了这种鹊属鸟类。不同于同属鸟栖居范围有限的特点，灰树鹊在喜马拉雅的高原地区以及中国分布地域广泛，而且习性存在差异。与棕腹树鹊和最近从金奈发现的第三种鸟类相似，灰树鹊的习性也不同于典型的鹊属鸟，它们有些与鸦属鸟类近似。

雌雄灰树鹊的毛羽颜色几乎没有差别，但雌鸟的毛羽要少于雄鸟。其额头黑色；枕部和颈后灰色；背部浅褐色；羽翼和尾部黑色；中间两枚尾羽为灰色；脸颊和喉部黑色，至胸部变为黑灰色；下体灰色；尾下覆羽浅红褐色；鸟喙和跗蹠黑色。

身长 15 英寸，鸟喙 1.25 英寸，跗蹠 1.25 英寸，尾羽（包括中间两枚）10 英寸。

PICA SINENSIS.

图版 43.　双角犀鸟印度亚种 *Bureros Cavatus*

　　这种珍贵的犀鸟在印度、爪哇和大多数东部群岛都有分布。据观察，从山地捕获的双角犀鸟印度亚种体型要比低地捕获的稍大。和所有犀鸟一样，它们的食物主要有果实、浆果、果肉、甚至腐肉。总之，属于杂食性鸟类。 其脚的结构促使它们栖居在宽阔厚实的棕榈叶上，三趾在前，一趾在后，紧紧把物体抓牢，又能在树枝间敏捷跳跃。

　　双角犀鸟印度亚种喉部、耳羽、眼周和鸟喙纵边黑色；颈部呈淡黄色；颈后羽毛加长；通体和羽翼黑色；翼覆羽端部白色；大腿、尾上覆羽、尾下覆羽和尾羽皆为白色，距尾端三英寸处有黑色带状斑；鸟喙黄色，上嘴尖部为橙红色，嘴基黑色；跗蹠黑色。

BUCERDS CAVATUS.

图版 44. 　　**黄颈拟蜡嘴雀** *Coccothraustes Icterioides*

　　这种颜色鲜艳的鸟属于蜡嘴雀的一种，特征非常典型，也是最新被科学界认定的一种珍贵鸟类。英国的博物馆中收藏很少，图中的雌鸟是至今为止我国仅藏的一只。它们的主要食物是喜马拉雅地区的小型核果。由于生性胆怯，黄颈拟蜡嘴雀主要栖居在茂密树林的深处，其有些习性很像欧洲的蜡嘴雀。

　　雄性黄颈拟蜡嘴雀的头、颈、背部中间、羽翼和尾部都是黑色；后颈、腰部和下体为明黄色；大腿黑褐色；鸟喙橄榄绿；跗蹠黄色。雌鸟通体灰色；覆羽和尾羽黑色；腰部及腹部浅黄褐色。

COCCOTHRAUSTES ICTERIOIDES.

Male & Female

图版 45. 　　**大拟啄木鸟** *Bucco Grandis*

　　作为须䴕科的典型鸟类，大拟啄木鸟体型偏大，毛羽颜色美观。但外型与同科鸟类有明显区别，不过在可预见的未来还很难给它一个更确凿合适的定位。据我们了解，大拟啄木鸟并非原产自喜马拉雅地区，科学上比较公认的是其来源于中国。

　　此鸟的头、颈和喉部是深钢青色，在不同光线下呈绿色；背部和胸部深黄褐色；翼覆羽外缘绿色；尾羽绿色；腹部也是绿色；两侧带褐色、蓝色及灰色斑点；尾下覆羽猩红色；鸟喙黄白色；喙峰黑色；跗蹠黑色。

BUCCO GRANDIS.

Drawn from Nature and on Stone by E. Gould.   Printed by C. Hullmandel.

图版 46.　灰头绿啄木鸟 *Picus Occipitalis*

　　以下要介绍一组啄木鸟，它们的习性介于地面活动的扑翅䴕属和树干取食的啄木鸟科中间。除去灰头绿啄木鸟和接下来介绍的鸟类，英国的绿啄木鸟和欧洲的灰头绿啄木鸟也可以归类到该组。像所有的典型啄木鸟一样，这类鸟也喜欢在树上找食物，但它们同时也像地表捕食的鸟类一样，会捕食地上的蚂蚁和其他昆虫。

　　灰头绿啄木鸟的名字得自其头后部特别的黑色斑纹。它们多分布在山地的温和地区。

　　雄鸟的额头是明亮的猩红色；头顶、枕部和颈后部墨黑色；脸颊两侧和后部灰色，带有黑色胡须；上体绿色，至腰部渐变成黄色；羽翼橄榄绿色；覆羽和尾羽褐色；覆羽边缘有白色条斑；尾羽中间两枚羽毛端部颜色加深；胸部和下体绿灰色；鸟喙和跗蹠黑色。

　　雌鸟区别只在额头是黑色，而非猩红色。

PICUS OCCIPITALIS.

Male 2 Female

图版 47. **鳞腹绿啄木鸟** *Picus Squamatus*

　　鳞腹绿啄木鸟形态和刚刚提到的灰头绿啄木鸟很像，也属于一种特别的鸟类，但在毛羽颜色上与灰头绿啄木鸟有明显差别。最突出的一点便是其胸部羽毛带有鳞状美丽斑纹，而灰头绿啄木鸟在同一部位颜色是一致的，也因此得名鳞腹绿啄木鸟。它们主要分布在喜马拉雅高地。

　　头顶和枕部猩红色；眼上下呈黄白色；下颚沿颈部有一条黑色条纹；上体亮绿色；翼覆羽和尾羽为橄榄黑，间有白色斑纹；喉部和胸部灰绿色；腹部和下体渐浅，带有整齐紧密的黑色鳞纹；鸟喙黄白色；喙基浅褐色；跗蹠褐色。

PICUS SQUAMATUS.

图版 48.　喜山三趾啄木鸟 *Picus Shorii*

　　喜山三趾啄木鸟英文又名肖尔三趾啄木鸟，这是为了纪念在印度发现它的肖尔先生在鸟类学方面的贡献，我们有幸在他的收藏中得到一幅作画。

　　这种鸟和印度群岛常见的金背三趾啄木鸟毛羽颜色相似，而且都没有内侧的后脚趾。

　　喜山三趾啄木鸟头顶的长冠，和腰部一样都为猩红色；下颚基部到枕部有白色条纹；白色以下从眼后穿过耳部是黑色条纹，直达颈后部；脸颊和颈侧白色，间有黑色条纹至胸部；喙基有褐色斑纹；喉部白色；背部橙色；肩羽和覆羽间有猩红色；腰部为明亮的猩红色；覆羽、尾羽和尾上覆羽黑色；下体为褐白色，带黑色鳞纹；鸟喙和跗蹠黑色。

PICUS BHORII.

图版 49.　　棕腹啄木鸟 *Picus Hyperythrus*

这种小型啄木鸟在同属鸟类中颜色很特别，其胸部为亮红色。雌雄棕腹啄木鸟的特征相似，但头顶颜色有别，雄鸟顶冠及枕为红色。雌鸟顶冠黑而具白点。和欧洲啄木鸟一样，它们喜欢栖居在树上，以昆虫及其幼虫为食。据观察，它们主要分布在喜马拉雅山脉树木茂密的地区。

雄鸟的头顶和颈后部都是红色；喉部和喙基为白色；背部和羽翼黑色，间有白色的漂亮斑纹；尾羽黑色，外层尾羽上有白色斑纹；胸部、颈侧和下体为红褐色；尾下覆羽猩红色；上颚黑色，下颚黄白色；跗蹠黑色。

雌鸟如前所述，与雄鸟差别在于头顶及颈后为黑色，间有浓密的白色斑点。

PICUS HYPERYTHRUS.

Male & Female

图版 50. **红腹啄木鸟** *Picus Mahrattensis*

1801 年，拉瑟姆博士初次就大英博物馆里的藏品介绍了这种啄木鸟，据描述，它们分布在喜马拉雅高地和周围地势稍低地区，但后者比较少见。拉瑟姆博士只提到红腹啄木鸟在马拉塔常见，但并未就其习性进行详细说明。很遗憾我们也没有进一步的信息。

雄鸟的头顶和枕部猩红色；脸颊和喉部白色；上体黑色带有卵形白色斑点；尾羽端部近猩红色；胸侧褐色；腹侧及大腿白色，间有褐色斑纹；腹部中央猩红色；鸟喙和跗蹠褐色。身长 6.5 英寸。

雌鸟头顶为黄色，而非猩红色。

PICUS MAHRATTENSIS.

图版 51.　　褐额啄木鸟 *Picus Brunnifrons*

　　在本次收藏之前科学界还从未知晓过此鸟，它和欧洲的点斑啄木鸟在毛羽颜色上相似，非常新奇有趣。两者差异主要在于雄性褐额啄木鸟冠部至后颈部呈猩红色。很幸运我们得到雌雄各一只，图上方的则为雌鸟。褐额啄木鸟主要分布在印度的丘陵地带，其习性与同属鸟类基本相似。

　　雄鸟额头褐色；枕部由金色过渡至猩红色；脸颊和喉部白色，间有不明显褐色斑痕；喙基过颈侧至肩羽有黑色条斑纹；上体黑色间有白色横纹；中间四枚尾羽黑色，其余带有斑纹；下体白色带有黑色纵纹；尾下覆羽猩红色；鸟喙和跗蹠褐色；身长 8.5 英寸。

　　雌鸟枕部为黄色，没有猩红色羽毛。

PICUS BRUNIFRONS.

Drawn from Nature and on Stone by J. Gould.   Printed by C. Hullmandel.

图版 52.   鹰鹃 *Cuculus Sparverioides*

大自然在喜马拉雅山脉赋予无穷无尽的鸟类，我们在本书中将介绍两种杜鹃属的鸟类。这里要说的鹰鹃是其中体型最大的，它们在毛羽颜色上和传统杜鹃有差异，尾羽和羽翼上多了褐色的宽斑，胸部也带有褐色块斑。其颜色很像隼科的美洲隼，而体型和其他方面更像是大杜鹃，但比后者要大一些。鹰鹃广泛分布在印度大陆，在许多地区都可见到。本书之前，科学界还未曾就其绘图。

遗憾的是关于此鸟的习性尚未有可靠的记录，是否和传统杜鹃一样将卵下在其他鸟的巢里，还不得而知，希望未来的考察能够解答诸多问题。

鹰鹃头顶、枕部和耳羽为灰色；上体呈灰褐色；翼覆羽带有红褐色斑纹；尾羽间有五道暗褐色和三道灰褐色带斑；喉部和胸部白色；胸部有栗色纵纹；腹部、大腿和尾下覆羽有褐色横纹；鸟喙褐色；跗蹠橙黄色。

CUCULUS SPARVERIDĪDES.

图版 53.　小杜鹃 *Cuculus Himalayanus*

　　在众多藏品当中，我们发现了这一优雅的杜鹃属品种，它们主要分布在树木茂密的山地。在颜色和纹路上，小杜鹃很像我们英国的杜鹃雏鸟。然而我们相信，图中所画的鸟应该已经成熟，因为从翅膀大小看已经相当丰满，所以这种颜色应该是已经稳定的了。

　　小杜鹃是同属鸟中体型最小的一种鸟，对其习性的记录尚未找到。除了动物学博物馆收藏的这只以外，我们也没有见过其他的。

　　此鸟上体底色为红褐色，带有深灰色斑纹；胸侧褐色；下体白色间有黑色斑纹；鸟喙黑色；跗蹠浅黄色。

CUCULUS HIMALAYANUS.

Drawn from Nature & on Stone by J. Gould.   Printed by C. Hullmandel.

图版 54.　　锈脸钩嘴鹛 *Pomatorhinus Erythrogenys*

　　钩嘴鹛属鸟类主要分布在爪哇和纽荷兰，锈脸钩嘴鹛是其中典型的一种。近些年，我们在印度的研究中发现了同属鸟类，一种来自缅甸，尚未被描述。另一种来自德干，由赛克斯上校捕获，第三种就是图中所画的锈脸钩嘴鹛。

　　锈脸钩嘴鹛分布相对广泛，在印度的所有山区都有发现。遗憾的是，在当地对其有过观察机会的研究者们都忽视了对它们习性的记录。

　　此鸟头顶、身体和羽翼灰褐色；额头、耳覆羽、颈侧、肋部和尾下覆羽红褐色；尾羽上带有模糊的深灰色斑纹；喉部和下体为白色；鸟喙和跗蹠浅褐色。

POMATORHINUS ERYTHROGENYS.

图版 55.　　蓝喉太阳鸟 *Cinnyris Gouldiae*

　　本书的绘画都是由作者古尔德先生的妻子完成的，这只美丽的小鸟还专门被起名为古德太阳鸟。图中此鸟是从喜马拉雅的最高地区捕获的。据推断，那里是它们的主要栖居地带。这种体态优美的鸟类很像美洲的蜂鸟。和蜂鸟一样，这种太阳鸟在花间和枝叶间捕食小型昆虫。目前尚无其可靠的习性介绍。蓝喉太阳鸟非常稀有，目前图中这只是科学界的珍宝。

　　此鸟头顶、耳覆羽、喉部、近肩羽处胸侧、尾覆羽及中间两枚尾羽呈猩红色，带有紫色光泽；背部、颈侧和肩羽血红色；腰部和下体明黄色；下体间有一些血红色斑痕；翼覆羽和外层尾羽深褐色。

　　图为同一鸟的两种姿势，以便展示其斑纹。

CINNYRIS GOULDIÆ.

图版 56. 　　**楔尾绿鸠** *Vinago Sphenura*

　　这种绿鸠和接下来要介绍的灰头绿鸠长相很像，但其楔形尾羽将其与后者的方形尾羽明显区分开。楔尾绿鸠主要分布在喜马拉雅高地，而灰头绿鸠在周围的低地很常见。它的体态优美，颜色怡人，单从外表上看就值得入册。

　　楔尾绿鸠头部、颈部和胸部绿黄色；头顶和胸部有金橙色光泽；背上部和翼覆羽紫红色；尾后覆羽、中间尾羽、肩羽和初级翼覆羽橄榄绿色；其他覆羽黑褐色；外层尾羽灰色。

VINAGO SPHENURA.

图版 57. **黄脚绿鸠** *Vinago Militaris*

　　绿鸠属鸟类包含那些有强壮短脚和宽跗面的品种，它们经常栖息在树枝间。黄脚绿鸠和之前的楔尾绿鸠就是两个例子。它们都以谷物、野豌豆种子、其他野生植物和蔬菜嫩叶为食。

　　如前所述，黄脚绿鸠广泛分布在印度大陆的西北海岸。其胸部块斑很像盾牌，所以英文名又叫军绿鸠。H.J.鲍尔上校曾描述过这种鸟："此鸟和之前的楔形绿鸠，加上其他一些同属鸟类在印度被称为绿鸽，它们常出现在花园、芒果园、榕树林，那里浓密的树叶可以掩盖它们，其颜色在树丛里很难看出。在西海岸发现的亚种主要食物是西米棕榈的浆果和榕树果实。在果实和芒果成熟的季节，它们的肉格外好吃，那种野味很像英国啄木鸟的味道。"

　　虽然科学界已经认定了黄脚绿鸠，但我们仍然感到有必要在此书中记录它，尤其是记录下此鸟也生活在印度的高地，这在之前是没有发现的。另外也可以将其和之前介绍的楔尾绿鸠进行比较。

　　黄脚绿鸠头顶和头两侧都是灰色；颈部和胸部金绿色；肩羽紫红色；整个背部和翼覆羽为橄榄绿色；外层覆羽黑褐色带黄色边缘；尾羽深灰色；下体为橄榄绿；大腿明黄色。

VINAGO MILITARIS.

图版 58. 　　**雪鸽** *Columba Leuconota*

　　图中所画的这只姿态优雅颜色纯正的雪鸽是我们唯一见到的一只，它在喜马拉雅捕获的第一批收藏品中。虽然我们试图努力在公共博物馆或私人收藏中找到其他同伴，但至今无果。肖尔先生曾在喜马拉雅的树林中观察过雪鸽，在他的画中，他把雪鸽的腿画成亮红色。我们相信肖尔先生的版本是正确的，因为他是以活鸟作画，而我们画的这只应该是褪色的标本。

　　雪鸽属于欧洲常见的斑鸠属的一支，二者的习性很相似。

　　此鸟的头部和颈上部为黑色；颈下部、背下部、腰部和下体为纯白色；背上部和肩羽灰褐色；翼覆羽浅灰色，带有淡紫色光泽；初级覆羽褐色；尾覆羽黑色，带有白色条斑。

COLUMBA LEUCONOTA.

图版 59.　棕尾虹雉 *Lophophorus Impeyanus*

在巍峨的喜马拉雅高海拔地带，终年积雪覆盖。这里生存着出奇美丽的鸟类并不稀奇。在雉科鸟类中，棕尾虹雉以其绚丽金属光泽的毛羽引人注目。著名博物学家居维叶先生确立了虹雉属，该属鸟类数量极为有限，棕尾虹雉是至今承认的唯一典型的虹雉属鸟类。

如果我们有幸将此鸟运到英国，它们将成为公园中怡人的装点。棕尾虹雉和印度平原的孔雀以及中国的野鸡生存气候一致，由于距离遥远、分布地区偏僻，运输存在很大的困难，英国的博物馆中鲜有收藏。然而我们期待未来到印度的旅行者们可以将它们带回到我们的园林中。

棕尾虹雉的食物主要是球状根茎，它的上颚像鹧鸪一样，呈勺子形，尤其适合铲食。

棕尾虹雉雄鸟、雌鸟和幼鸟的差异很大，成熟雄鸟全身主要由绿色和紫色构成，而雌鸟为深褐色，带有锯齿状锈色斑纹，尾羽的斑纹也为锈色。这种鸟冠羽较长。

成熟的雄鸟头上有修长的冠羽，向前卷曲，如丝绒一般。冠羽、头部和喉部都有浓烈的金属绿色光泽；颈后部呈紫色；背部和双翼钢青色，背部中间有白色横斑；尾羽铁锈色，至端部加深；整个下体黑色。

图中先后是雌鸟和雄鸟。

LOPHOPHORUS IMPEYANUS.

Female ⅔ Nat.Size.

LOPHOPHORUS IMPEYANUS.

Male ⅔ Nat. Size.

Drawn from Nature & on Stone by J. Gould.   *Printed by J. Hullmandel.*

图版 60. 红胸角雉 *Tragopan Satyrus*

这种美丽的鸟属于雉科，角雉属，是本书问世前唯一被知晓的鸟类。红胸角雉与紧接着要介绍的黑头角雉都来自喜马拉雅地区，近来大英博物馆的格雷先生又在该属添加了一个新的品种，并献给了著名的鸟类学家特明克先生。

角雉属介于火鸡与典型的原鸡之间，其与火鸡的相似度极其明显，有些特征又近似珠鸡甚至鹧鸪，需经过鸟类学细致研究才能进一步将其定位。据了解，红胸角雉分布在山区的较冷地带，和虹雉为近邻。它们以谷物和根茎为食，兼食蚂蚁幼虫和其他昆虫。

红胸角雉头上有狭长冠羽，额头至头顶处为黑色，其后为褐红色；眼周围肉质角蓝色，颈部肉裾亦蓝色，间有紫红色；喉部、头两侧和颈后部黑色；其余颈部为鲜艳的褐红色；背部和上体表面黄褐色，杂以黑色斑纹和锯齿状细纹，另具有白色不规则斑点；肩羽血红色；翼覆羽和尾羽黑褐色；下体血红色或褐红色，带有许多黑缘的白色斑点；鸟喙褐色；跗蹠浅褐色。

TRAGOPAN SATYRUS.

Adult Male. ⅔ Nat. Size

图版 61. **黑头角雉** *Tragopan Hastingsii*

为了纪念侯爵在管理印度期间对鸟类学的赞助与支持，这只鸟又名哈斯廷角雉。黑头角雉和前一种红胸角雉同样漂亮，体型略大，雌性绚丽颈部有橙色肉群；此鸟胸部和下体的羽毛边缘皆为黑色，每枚中间带有白色斑点，腹部羽毛呈褐红色。

尽管黑头角雉与红胸角雉相当接近，但二者在当地的分布不同，我们得到的标本中仅有一只来自同一地区；红胸角雉是从尼泊尔山中捕获的，而我们现有的这只是从喜马拉雅北部山脉得来的。这种鸟的毛羽颜色从幼时到成熟要经历很大的变化。经过我们认真反复地就其不同发育期的观察，发现有三种角雉，其中两种收录在本书中，第三种叫做红腹角雉，收录在哈德威克与格雷先生的作品《印度动物学》当中。

成年雄鸟头部有黑色冠羽，其耳羽和喉部亦为黑色；颈部和肩羽深红褐色；胸部橙红色；眼周围裸肉红色；喉部肉裙蓝紫相间；上体有褐色锯齿状细纹和斑纹，间有许多清晰的白色斑点；尾上覆羽端部皆带有较大白色斑点；鸟喙黑色；跗蹠褐色。

雄性幼鸟颜色相对暗淡，肉垂和面部裸露处为浅肉色，尚未成熟。

雌鸟毛羽主要是褐色，上面布有各种大小的斑纹，背部和胸部羽毛稍浅；头部带有短圆冠羽；脸侧有羽毛覆盖，没有肉垂。

图的顺序为雄鸟、幼鸟和雌鸟。

TRAGOPAN HASTINGSII.

Adult Male ⅔ Nat Size.

TRAGOPAN HASTINGSII.

¼ Nat. Size.

Drawn from Nature and on Stone by J. Gould.

Printed by C. Hullmandel.

TRAGOPAN HASTINGSII.

Female ½ Nat. Size

图版 62. **黑鹇** *Phasianus Albo-cristatus*

　　黑鹇的长相与体型与之前提到的角雉属和虹雉属的鸟类大不相同。它习性特别，很像是介于原鸡属和雉属之间的物种，它们像原鸡属鸟类一样尾部短，呈拱形，跗蹠有力，鸟喙坚硬。又像雉属一样，外形精致，冠与垂肉发育不完全。特明克少校曾给这组鸟类起名"鹇"。和原鸡属喜欢低地和亚洲大陆的平地丛林不同，它们更喜欢较高的地区，主要以种子和球根状茎类为食。

　　黑鹇有下垂的白色冠羽；脸部裸出皮肤为明亮的猩红色；头顶、背部、颈侧、颈后部和肩羽皆为黑色，带有金属般绿色光泽；初级覆羽黑褐色；腰部和尾上覆羽带有蓝黑色和白色斑纹，每枚羽毛基部黑色，末梢白色；尾羽黑色；胸部和下体羽毛有毛尖状褐白相间斑纹；大腿、鸟喙和跗蹠褐色。

　　雌鸟胸部也有毛尖状斑纹；冠羽和通体都是褐色的；上体带有模糊的锯齿形纹路。

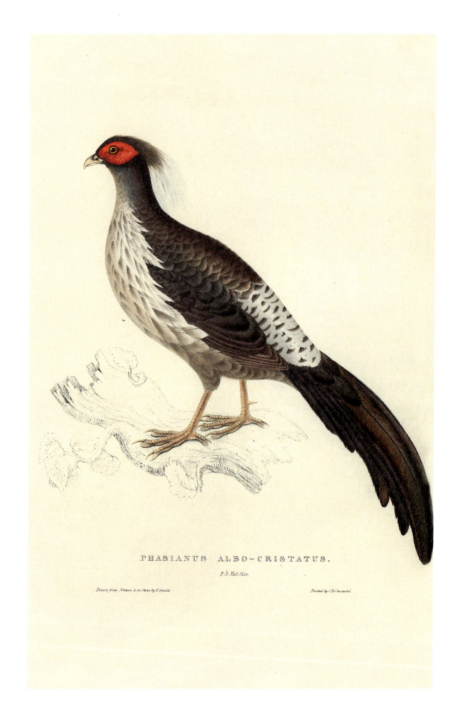

PHASIANUS ALBO-CRISTATUS.

2.9.Nat.Size.

Drawn from Nature & on Stone by E.Gould.

Printed by C.Hullmandel.

PHASIANUS ALBO-CRISTATUS.

Female

J.J.Neilbit.

图版 63. 勺鸡 *Phasianus Pucrasia*

哈德威克上校发现并研究了这种鸟类，从习性上看，勺鸡和之前的彩雉同属，也是非常有趣的物种。形态上它很像是雉，但其楔形的尾巴和有冠的头部又与传统雉属鸟类有别，成为印度高山地区一类特殊的品种。勺鸡的冠羽比较坚硬，根根独立。而彩雉的冠羽更加柔软低垂。它们是喜马拉雅地区的常见鸟类，我们得到了雌雄各一。为了凸显性别差异，我们单独在图中画出雌鸟，雄鸟还可以参看哈德威克上校的《印度动物学》。

勺鸡头部有冠，下层冠羽绿黑色，上层黄褐色；头部、背部和颈前部皆为黑色，带绿色光泽；颈侧白色；上体灰色；在初级和次级覆羽处渐变成黄褐色，次级覆羽上有小斑点；胸侧和肋部有披针形羽毛，中间黑色，有白色边缘；胸部和下体是深栗色；鸟喙黑色；跗蹠褐色。

雌鸟的上体全部黄褐色，间有优雅的黑色锯齿状纹路和斑点；冠羽较短，也是黄褐色；喉部白色；下体是浅黄褐色。

PHASIANUS STACEII.

图版 64. **印度石鸡** *Perdix Chukar*

接下来要介绍鹧鸪属的四种鸟类，其共同特征是红色的鸟喙和跗蹠，以及背部统一的色彩和侧体的斑纹。尤其是它们相似的毛羽颜色，不经意的观鸟人也能认出它们是同属鸟类。不过仔细观察还是可以看出细微差别的。其中有三种是欧洲和与亚非接壤地区的品种。而印度石鸡则来自喜马拉雅地区，至今找到的此鸟都是从那里捕获的。

在动物社会公园我们有幸得以研究一只活鸟，它的性情很像英国的红腿鹧鸪，易怒好斗，总是和其他鸟为敌。

它的上体大部分为灰色，至背部有酒红色斑痕；额头开始有一条黑纹，穿过眼睛、耳覆羽、颈侧直到胸部汇合；黑纹内毛羽浅黄色；胸部灰色；大腿和腹部褐黄色；侧羽圆端，基部白色，带有黑色加褐色斑纹；尾羽灰色，尾尖部红褐色；鸟喙和跗蹠亮红色。

PERDIX CHUKAR.

图版 65. **印度大鸨** *Otis Nigriceps*

　　这只非凡的鸟是鸨科鸟类中体型最大毛羽最漂亮的，其习性是典型的鸨类鸟。图中所画的这只是从喜马拉雅高地捕获的，但印度大鸨的活动范围不仅限于此，赛克斯上校注意到它们也大规模分布在马拉塔地区，那里的人们将其作为桌上的一道美餐。据这位勤奋的观鸟人介绍，它们成群生活在开阔的环境中。雄鸟的喉囊很像欧洲大鸨。它们在裸露的地面孵卵，卵为椭圆形，黄褐色，带有深黄褐色斑点。雌鸟与雄鸟长相相似，但体型小三分之一。

　　此鸟头顶和冠羽墨黑色；颈部白色；上体和尾部深褐色，带有锯齿状黑色小斑纹；外围翼覆羽黑色，带有些许白斑点；下体白色；胸部有一大条黑色斑带，连接两肩膀；鸟喙和跗蹠为黄色。

OTIS NIGRICEPS.

图版 66.　　南亚鸨 *Otis Himalayanus*

在鸨科鸟类中，南亚鸨或许是最有趣的。它们雌雄颜色差异极大，成鸟和幼鸟也非常不同。不但如此，雄性成鸟在夏季枕部和胸部的长羽毛会在繁殖季节过去后脱落。我们在画中将其雌雄及幼鸟一一绘出，来展示其区别。此鸟比较稀有，分布在平原和丘陵地带。我们这里的幼鸟是从加尔各答捕获的，而第一幅中的雄鸟是从喜马拉雅山区捕获的，目前收藏在动物社会博物馆，是我们见过的唯一一只毛羽丰满的雄鸟。和大多数典型鸨科鸟类一样，它们喜欢开阔的环境，和印度大鸨同等珍贵。我们对其筑巢和产卵的信息尚无了解。

雄鸟枕部和胸部饰有长羽毛，头部、颈部和下体皆为深黑色；背部和翼覆羽浅红褐色，杂以褐色斑点；羽翼白色，初级覆羽深褐色；尾羽黑色，端部白色；鸟喙深褐色，跗蹠褐色。

雄性幼鸟头后部稍带冠羽；胸部有柔顺羽毛；下体黑色；头部和颈部浅红褐色，带有锯齿状褐色斑纹；尾羽黑色，端部白色。

雌性成鸟和雄性幼鸟颜色相似，但下体是浅黄褐色；其通体为浅红褐色，带有褐色斑纹，尤其在羽翼上的斑纹大而清晰，但颈部和胸部的斑纹不明显，至腹部就消失了。

OTIS HIMALAYANUS.
½ Nat Size.

Drawn from Nature & on stone by J. Smit   Printed by C. Hullmandel

OTIS HIMALAYANUS.

OTIS HIMALAYANUS.

Female. ⅓ Nat. Size

图版 67. **泽鹬** *Totanus Glottoides*

　　这种鸟和我们欧洲的青足鹬近似，二者通体和跗蹠颜色非常一致。但泽鹬的体型要小得多，并且有独特的习性。主要的差别在于泽鹬喉部、胸部、下体是纯白色，而青足鹬还间以褐橄榄色斑纹。喜马拉雅山脉峡谷中的湿地为泽鹬提供了欧洲低地沼泽的环境。作为新发现的鸟类，在欧洲的标本收藏中我们还未发现过此鸟，除了图中这只动物学社会博物馆的藏品。

　　泽鹬上体浅灰褐色，每枚羽毛梢部变浅；头顶和颈后部白色，杂以褐色浓密斑纹；尾羽白色，带褐色斑纹，中间两枚尾羽灰色；下体纯白。

TOTANUS GLOTTOÏDES.

图版 68.　水雉 *Parra Sinensis*

　　这种鸟形态优雅，适应性极强。它们脚趾修长，步履轻盈，能在漂浮的莲花等水生植物上来回行走。习性很像黑水鸡，水雉擅长游泳，在游起来的时候长尾巴提高，不沾水，但它不擅飞行。水雉的翅膀较短，覆羽细长。长久以来，人们普遍认为水雉是印度和中国低地的特有鸟类，后来才发现其也存在于喜马拉雅地区山中的湖泊沼泽之中。

　　水雉颈前部、胸部白色；从枕部到颈侧有一条黑线，内部为桔色大斑块，直至背部；肩羽、翼覆羽和次级覆羽外围为白色，其余为巧克力色；鸟喙和跗蹠为橄榄绿。其身长 22 英寸，翅膀 7 英寸，跗蹠 2.5 英寸，大腿裸露处 1.25 英寸，中间脚趾端部到后脚趾尾部 5 英寸。

PARRA SINENSIS.

图版 69.　　肉垂麦鸡 *Vanellus Goensis*

收录在此书中的这种鸟类并不稀奇，很多作者在自己的书中记录过肉垂麦鸡。我们将其收在书中主要是想描述一下它是该属鸟类中唯一从喜马拉雅被带到欧洲的。

体型上它比我们这里的麦鸡小，但其修长的腿和苗条的体态比后者更显优雅。肉垂麦鸡分布范围广泛，在东部大陆几乎都能遇到，甚至在中国也有见过。它们喜爱栖息在沼泽和芦苇地，那里有丰富的软体动物、蠕虫和昆虫可以为食。

和麦鸡属鸟类一样，肉垂麦鸡毛羽的雌雄差异不大。

头部、枕部、颈前后、喉部和胸部深黑色；眼周至鸟喙肉垂为亮红色；颈侧和整个下体白色；背部和翼覆羽灰褐色，有酒红色光泽，肩羽明显；肩翼外侧和中部覆羽白色，呈一条倾斜带斑；初级覆羽黑色；尾羽白色，中部掠过黑色带斑；鸟喙基部红色，尖部黑色；跗蹠黄色，脚趾褐色。

VANELLUS GOENSIS.

图版 70. **鹮嘴鹬** *Ibidorhyncha Struthersii*

　　在喜马拉雅地区我们发现的所有新鸟种之中，很难找出比鹮嘴鹬习性更奇特的鸟了。在体型和腿型上，它很像蛎鹬，而鸟喙又很像朱鹭，因此它结合了两种完全不同的鸟类成为一种物种。遗憾的是我们还未能收藏这种鸟，格拉斯哥爱迪生博物馆的施罗博士从收藏者斯储瑟手中得到一只并慷慨地给我们这次机会作画。至今我们尚未得到其习性的介绍。

　　鹮嘴鹬额头、头顶和喉部黑色；一道黑色的横带将灰色的上胸与其白色的下部隔开；颈部浅灰色；上体灰色；尾羽有不规则黑色条纹，外侧尾羽白色上有规则条纹，端部黑色；下体白色；鸟喙和跗蹠红色。

ISIDORHYNCHA STRUTHERSII.

图版 71. **斑头雁** *Anser Indicus*

这种俊俏素色的鸟在印度低地广为人知，人们捕获它们主要是因其肉质鲜美。此书收录的这只斑头雁一则为了展示这种东方世界的美丽水鸟，二则是为了初次说明画中鸟是在喜马拉雅高海拔地区捕获的。此外，之前还未曾有过该鸟的手绘。

斑头雁额头、脸颊、喉部和颈侧的纵纹为白色；双眼之间有黑色半月形斑纹；颈后部深灰褐色；上体灰色；背部的羽毛边缘白色；羽翼上有黑色条纹，初级覆羽端部黑色；腰部白色；喉以下颈前部褐色，靠上有深褐色斑点；下体浅灰色，肋部有模糊的褐色条纹；鸟喙红色；脚趾黑色，腿红色。

ANSER INDICA.

½ Nat. Size.

SUBSCRIBERS.

HIS MOST GRACIOUS MAJESTY THE KING.
HER MOST GRACIOUS MAJESTY THE QUEEN.
H. R. H. THE DUKE OF SUSSEX.
H. R. H. THE DOWAGER LANDGRAVINE OF HESSE HOMBOURG.
HIS MAJESTY LEOPOLD I. KING OF THE NETHERLANDS.

ACKERMAN, Mr. R. *Strand.*
Alexander, E. Esq. *Sussex-place, Regent's-park.*
Allis, Mr. Thomas. *York.*
Ames, Levi, Esq. *Hereford-street, Park-lane.*
Audubon, J. J. Esq., F.R.S.L. and E., F.L.S.
Backnell, G. Esq. *Bermondsey-street.*
Bailliere, Mr. J. B. *Regent-street.*
Baker, T. B. L. Esq., F.G.S. *Hardwicke Court, Gloucestershire.*
  —2 copies.
Banks, D. Esq. *Adelphi-terrace.*
Beilby, Knott and Beilby, Messrs. *Birmingham.*
Bell, Jacob, Esq. *Oxford-street.*
Bell, T. Esq., F.R.S., F.L.S., F.G.S. *New Broad-street.*
Bengal Artillery Library, The.
Bickersteth, R. Esq. *Liverpool.*
Blackett, P. C. Esq. *Green-street, Grosvenor-square.*
Bolam, W. Esq. *Newcastle.*
Bond, Mrs. *Devonshire-place.*
Boone, Mr. W. *New Bond-street.*
Bowler, Col. H. J. *Southampton.*
Bradford, the Right Hon. the Earl of, D.C.L., &c. *Weston Hall, Staffordshire; &c.*
Brandling, the Rev. R. H. *Gosforth House, Northumberland.*
Brandling, W. H. Esq. *Gosforth Lodge, Northumberland.*
Bree, Robert, M.D., F.R.S., F.A.S. *George-street, Hanover-square.*
Broderip, W. J. Esq., B.A., F.R.S., F.L.S., &c. *Raymond-buildings, Gray's-inn.*
Bromley, Sir Robert, Bart. *Stoke Park, Newark.*
Buccleuch, His Grace the Duke of. *Dalkeith, &c.*
Buck, G. Esq. *Glasshayes, Lyndhurst, Hampshire.*
Burdett, Lady. *St. James's-place.*
Burrough, Sir James. *Laverstock House, Wiltshire.*
Bushman, J. S. Esq. *Dumfries, N. B.*
Cabbell, B. B. Esq., F.S.A., F.H.S., &c. *Brick-court, Temple.*
Caledon, the Rt. Hon. the Earl of, K.P., F.H.S. &c. *Caledon Castle, Tyrone, Ireland.*
Calthorpe, the Rt. Hon. Lord, F.H.S. *Ampton Park, Bury St. Edmund's, Suffolk.*
Cambridge University, The.
Cambridge, The Philosophical and Natural History Society of.
Campbell, W. F. Esq., M.P., F.H.S. *Wood Hall, Lanarkshire, &c.*
Carlisle, the Very Rev. the Dean of, F.R.S. *Hillingdon, Middlesex.*
Carnarvon, the Rt. Hon. the Earl of, F.H.S. *Highclere House, Hampshire; &c.*
Carpenter, Miss. *Old Bond-street.*
Charleville, the Right Hon. the Earl of, F.R.S., F.A.S., Pres. R.I.A. *Charleville Forest, Tullamore, Ireland.*
Chatham, Philosophical and Literary Institution, The.
Chesney, R. Esq. *Lismore, Ireland.*
Children, J. G. Esq., Sec. R.S., F.R.S.E., F.L.S., &c. *British Museum.*
Clarendon, the Rt. Hon. the Earl of, F.H.S *Penlline Castle, Glamorganshire; &c.*
Clark, W. B. Esq. *Belford Hall, Northumberland.*
Clarke, Sir S. H. Bart., F.H.S., M.R.I. *Aldwick Place, Bognor, Sussex.*
Clarke, W. S. Esq. *St. John's Cottage, Walling ford, Berks.*
Clerk, Sir George, Bart., M.P., F.R.S., F.L.S., &c. *Pennycuick House, Edinburghshire.*
Clitherow, Colonel. *Boston House, Brentford.*
Cock, S. Esq. *London Dock House.*
Collingwood, H. J. W. Esq. *Lilburn Tower, Northumberland.*
Cooke, P. D. Esq., F.L.S., F.H.S., &c. *Owston, Doncaster, Yorkshire.*
Cooke, R. Esq., F.H.S. *Kentish Town.*
Cooper, Sir A. P. Bart., F.R.S. *Conduit-street, and Gadesbridge, Hemel Hempstead, Herts.*
Cooper, the Rev. Sir W. H. Bart., M.R.I. *Portland-place.*
Copland, A. jun., Esq. *Twickenham.*
Cottle, J. T. Esq. *Manchester-street.*
Cox, J. C. Esq., F.L.S., F.H.S. *Montagu-square.*
Cox, R. H. Esq., F.H.S. *Grosvenor-place, and Hillingdon, Middlesex.*
Coxwell, E. Esq. *Oxford.*
Craven, the Rt. Hon. the Earl of. *Charles-street, Berkeley-square.*
Cumming, Lady Gordon. *Clarendon Hotel, Old Bond-street.*
Currer, Miss. *Gorgrave, Skipton, Yorkshire.*
Cuvier, Sir Baron, Grand Officier de la Légion d'Honneur, Secrétaire perpétuel de l'Académie des Sciences, &c. *Paris.*
Dartmouth, the Rt. Hon. the Earl of, F.R.S., F.A.S., &c. *Sandwell, Staffordshire; &c.*
Davenport, Davies, Esq., F.H.S. *Court Gardens, Great Marlow, Buckinghamshire; &c.*
Davidson, H. Esq. *Bruton-street.*

Davis, Dr. *Royal-crescent, Bath.*
De Grey, the Rt. Hon. the Countess. *St. James's-square; and West Park, Selsoe, Bedfordshire.*
De Jersey, Peter Frederick, M.D., F.L.S. *Romford, Essex.*
De la Chaumette, H. Esq.
De la Fons, J. P. Esq. *George-street, Hanover-square.*
Dequier, the Rev. J. *Eton.*
De Tabley, the Rt. Hon. Lord. *Tabley House, Knutsford, Cheshire.*
Dixon, Dixon, Esq. *Long Benton, Northumberland.*
Dobree, Bonamy, Esq., F.H.S. *Bedford-square.*
Dover, the Rt. Hon. Lord, M.A., F.R.S., F.A.S., &c. *Whitehall; and Rochampton, Surrey.*
Downshire, the Most Noble the Marchioness of. *East Hampstead Park, Bracknell, Berks.*
Drummond, C. Esq. *Grosvenor-place, and Rochampton, Surrey.*
Duncan, P. B. Esq., M.A., F.G.S. *New College, Oxford.*
Durant, G. S. E. Esq. *Brighton, Sussex.*
Dynevor, the Rt. Hon. Lord, F.H.S. *Dynevor Castle, Llandilo, Carmarthenshire; &c.*
East India Company, the Honourable.
Edmonstone, Robert, Esq. *George-street, St. James's.*
Egremont, the Rt. Hon. the Earl of, F.R.S., F.A.S., &c. *Petworth, Sussex.*
Ellis, E. Esq. *Gloucester-place.*
Empson, C. Esq. *Collingwood-street, Newcastle-upon-Tyne.*
Eyton, T. C. Esq. *Eyton, Wellington, Shropshire.*
Ferrand, Walker, Esq. M.P. *Harden Grange, Bingley, Yorkshire.*
Fiennes, the Hon. W. T. T., F.L.S., F.H.S. *Broughton Castle, Oxfordshire.*
Finch, C. Esq. *Staines, Middlesex.*
Finch, the Hon. Lieut. Col. *Grosvenor-street.*
Fitzgibbon, the Hon. Richard, M.P. *Belgrave-square.*
Fitzwilliam, the Hon. W. C. Wentworth. *Milton, Peterborough, Northamptonshire; &c.*
Foot, J. Esq. *Dorset-square.*
Forbes, Sir Charles, Bart., M.P., F.H.S. *Edinglassie, Aberdeenshire.*
Forde, Col. M. *Seaforde, Clough, Ireland.*
Fowlis, Mrs. *York.*
Fox, B. Esq. *Beaminster, Dorsetshire.*
Fox, the Hon. Miss Caroline. *Little Holland House, Kensington.*
Fox, G. T. Esq., F.L.S. *Durham.*
Fryer, the Rev. W. Victor, D.D. *South-street, Grosvenor-square.*
Gage, the Rt. Hon. Viscount, M.A., M.R.I. *Firle Place, Sussex; &c.*
Gilbert, the Rev. G., M.A., M.R.I. *Richmond, Surrey.*
Giles, W. Esq. *Wadham College, Oxford.*
Gladdish, T. N. Esq. *Stangate, Lambeth.*
Glynne, Sir Stephen, Bart. *Hawarden Castle, Flintshire.*
Goodall, the Rev. Joseph, D.D., F.A.S., F.L.S., F.H.S., &c. Prov. *Eton Coll., Eton, Bucks.*
Gordon, the Hon. Capt., R.N. *Savile-street.*
Gray, J. Esq. *Hyde, Middlesex.*
Gray, J. E. Esq., F.R.S., F.G.S., &c. &c. *British Museum.*
Greenaway, E. Esq. *Bishopsgate-street.*
Greenland, Messrs. G. and A. *Poultry.*
Griffith, E. Esq., F.A.S., F.L.S. *Grey's-inn-square.*
Hale, R. B. Esq. *Cottles, Melksham, Wiltshire.*
Halford, the Hon. Lady. *Curzon-street; and Weston Glen, Leicestershire.*
Hamilton, J. Esq. *Berners-street.*
Hampden, the Rt. Hon. Viscountess. *Green-street.*
Harding and Lepard, Messrs. *Pall-mall East.*
Hardwicke, Major Gen. Thomas, F.R.S., F.L.S., F.R.A.S., &c. *The Lodge, South Lambeth.*
Hatchett, Charles, Esq., F.R.S.L. & E., F.S.A., F.L.S., &c. *Belle Vue House, Chelsea; and Bullington, Lincolnshire.*
Heawe, J. Esq. *Rotherhithe.*
Heathcote, J. Esq. *Connington Castle, Stilton, Huntingdonshire.*
Hedley, R. Esq. *Bradley Hall, Northumberland.*
Heuson, the Rev. Francis, B.D. *Sidney College, Cambridge.*
Heron, Sir Robert, Bart., M.P., V.P.Z.S., F.L.S., &c. *Stubton, Lincolnshire.*
Hewitson, Middleton, Esq. *Newcastle.*
Hind, Martin, Esq. *Newton-green, Leeds, Yorkshire.*
Hobson, G. Esq., F.H.S. *Harley-place.*
Hodgson, B. H. Esq. *Civil Service, Bengal.*
Hoffmann, J. Esq. *Hanover-terrace, Regent's-park.*
Holbech, H. H. Esq. *Paper-buildings, Temple.*
Holden, E. A. Esq. *Aston Hall, Shardlow, Derbyshire.*
Holford, R. Esq. *Knighton, Newport, Isle of Wight.*
Hollingsworth, the Rev. J. N. *Bolden Rectory.*
Holme, F. Esq. *Meysey Hampton Rectory, Fairford, Gloucestershire.*
Holme, Dr. *Manchester.*

Holmesdale, the Rt. Hon. Viscount, M.P. *Montreal, Kent.*
Hordern, the Rev. P.: for the Cheetham Old Library.
Hoskins, W. Esq., M.A. *Wigmore-street.*
Howard, the Hon. Col., M.P., F.R.S., F.A.S., &c. *Ashted Park, Epsom, Surrey; &c. &c.*
Hoy, J. Barlow, Esq., F.L.S. *Midanbury, Southampton.*
Hume, Sir A., Bart., F.R.S., F.A.S., F.L.S., F.H.S., F.G.S. *Hill-street; and Wormlybury, Herts.*
Hume, G. W. Esq. *Long Acre.*
Hussey, P. Esq. *Wegley Grove, Staffordshire.*
Hydrabad Book Society, The. *India.*
Isherwood, Robert, Esq., F.H.S. *Highgate, Middlesex.*
James, Mr. E. jun. *Uxbridge.*
Jardine, Sir William, Bart., F.R.S.E., F.L.S., &c. *Jardine Hall, Dumfriesshire.*
Jarrett, J. Esq., F.H.S. *Mereland, Surrey.*
Jenkinson, Mrs. J. B. *Durham.*
Jesse, Edward, Esq. *The Lodge, Hampton Court.*
Kennedy, Sir Robert. *Henrietta-street.*
Kensington, E. jun. Esq. *Bridge-street, Blackfriars.*
Kidd, Dr., M.D. *Oxford.*
Kingsdorf, K. Esq. *Upper Bedford-place, Russell-square.*
Kirkaldy, A. Esq. *Bishop Wearmouth, Northumberland.*
Kirkpatrick, G. Esq. *Keston, Kent.*
Knight, Mr. C. *Pall-mall East.*
Latham, John, M.D., F.R.S., A.S., & L.S. *Winchester.*
La Touche, Lieut.-Colonel. *St. James's-square.*
Lawson, Mansfeldt De Cardonnel, Esq. *Cramlington, Northumberland.*
Leach, G. Esq. *Grafton-street, Fitzroy-square.*
Leader, J. T. Esq. *King-street, St. James's.*
Lear, Mr. E., A.L.S. *Albany-street, Regent's-park.*
Leeds, His Grace the Duke of, K.G., F.H.S. *Hornby Castle, Catterick, Yorkshire.*
Legh, W. Esq. *Windsor, Berks.*
Le Marchant, Miss. *Romford, Essex.*
Lewis, J. H. Esq., F.H.S., M.R.I. *Albany.*
Librairie des Etrangers. *Paris.*
Linnæan Society of London, The.
Lisburne, the Right Hon. the Earl of. *Lisburne House, Devonshire.*
Lombe, E. Esq., F.H.S. *Melton Hall, Wymondham, Norfolk.*
Longman, Rees, Orme, and Co. Messrs. *Paternoster Row.*
Loah, Robert, Esq. *Jesmond, Northumberland.*
Lothian, the Most Noble the Marquess of. *Newbottle House, Mid-Lothian.*
Lovibond, G. B. M. Esq. *Manchester-square.*
Luscombe, J. Esq. *Coombe Royal, Kingsbridge, Devon.*
Lygon, the Hon. Col., M.P. *Springhill, Broadway, Worcestershire.*
Mackintosh, — Esq. *Manchester.*
Mackworth, Sir Digby, Bart. *Cavendish Hall, Sudbury, Suffolk.*
Manchester, His Grace the Duke of. *Kimbolton Castle, Huntingdonshire.*
Mangles, Robert, Esq., F.H.S. *Whitmore Lodge, Sonning Hill, Berks.*
Marryatt, Miss Fanny. *Wimbledon.*
Marryatt, Capt. Frederick, R.N., F.R.S., F.L.S. *Langham House, Holt, Norfolk.*
Marson, T. F. Esq. *Cumberland-terrace, Regent's-park.*
Mill, Major.
Mills, J. jun. Esq. *Woodford Bridge, Essex.*
Mitford, Robert, Esq. *Russell-square.*
Moore, T. Esq. *York-terrace, Regent's-park.*
Moore, W. Esq. *Newcastle.*
Morgan, J. Esq., F.L.S. *Broad-street-buildings.*
Mundy, C. Esq. *Burton, Loughborough, Leicestershire.*
Musignano, Charles Lucien Bonaparte, Prince of. *Rome.*
Neylo, G. Esq. *Upper Harley-street.*
Norman, Miss. *Benwell Tower, Northumberland.*
Northumberland, His Grace the Duke of, K.G., F.R.S., F.A.S., &c. *Alnwick Castle, Northumberland ; &c.*
Offley, F. Cunliffe, Esq., M.P., F.H.S. *Madeley Manor, Newcastle.*
Ogilby, W. Esq., B.A., F.L.S. *Trinity College, Cambridge.*
Ogle, the Rev. John Savile, F.H.S. *Kirkley, Northumberland.*
Ord, J. P. Esq. *Edge Hill, Derby.*
Orford, the Right Hon. the Earl of. *Wolterton Park, Norfolk.*
Ouseley, the Right Hon. Sir Gore, Bart., F.R.S., F.S.A., &c. *Woolmers, Hatfield, Herts.*
Palmer, R. Esq. *Holme Park, Reading.*
Parbury, Allen, and Co. Messrs. *Leadenhall-street.*
Pennant, G. H. D. Esq., F.H.S. *Penrhyn Castle, Caernarvonshire.*
Percy, the Hon. Capt., R.N. *Connaught-terrace.*
Perkins, H. Esq. F.L.S, F.H.S., &c. *Springfield, Surrey.*
Pettigrew, T. J. Esq., F.R.S. *Savile-street.*
Phillipps, Sir Thomas, Bart., F.R.S., F.A.S., F.L.S., &c. *Middle Hill, Broadway, Worcestershire.*
Pomfret, the Right Hon. the Earl of, F.R.S., F.H.S. *Easton-Neston, Towcester, Northamptonshire.*
Poulett, the Right Hon. the Dowager Countess. *Poulett Lodge, Twickenham.*
Prickett, R. Esq., M.R.I. *Octon Lodge, Sledmere, Yorkshire.*
Radcliffe Library, The. *Oxford.*
Ramsbottom, J. Esq., M.P. *Woodside, Windsor.*
Read, W. H. Rudston, Esq., F.Z.S. *Frickley Hall, Doncaster.*
Reeve, J. C. Esq., F.H.S., M.R.I. *Mickleham Hall, Leatherhead.*

Reeves, John, Esq., F.R.S., F.L.S., &c. *Clapham Old Town.*
Reeves, John, jun. Esq. *Clapham Old Town.*
Rendlesham, the Right Hon. Lord, F.H.S. *Rendlesham Hall, Suffolk.*
Richardson, John, M.D., F.R.S., F.L.S., &c. *Chatham.*
Richardson, Mr. J. M. *Cornhill.*
Ricketts, Mordaunt, Esq. *Circus, Bath.*
Rolle, the Right Hon. Lady. *Bicton, Stevenstone, Torrington, &c. Devon.*
Rothschild, Mrs. N. M. *Stamford Hill, Middlesex.*
Rous, the Hon. Mr. *Hertford-street, Park-lane.*
Rüppell, Eduard, Dr. *Frankfort-on-the-Maine.*
Russell, F. W. Esq., F.H.S. *26 Curzon-street.*
Rutter, J., M.D. *Liverpool.*
Ryan, the Hon. Sir Edward. *Calcutta.*
Salvin, Bryan T. Esq. *Burn Hall, Durham.*
Sandbach, H. R. Esq. *Woodlands, Aigburth, Liverpool.*
Scarborough, the Right Hon. the Countess of. *Sandbeck-Battery, Yorkshire, &c.*
Scott, J. J. Esq. *Devonshire-place.*
Selby, P. J. Esq., F.L.S., F.H.S., &c. *Twizell House, Northumberland.*
Selsey, the Right Hon. Lord, Captain R.N., F.R.S., F.H.S., &c. *West Dean, Chichester, Sussex.*
Seton, R. Esq. *Upper Norton-street.*
Shore, the Hon. C. J., M.R.I. *Portman-square.*
Shore, the Hon. F. J. *India.*
Smith, F. Esq. *Elmhurst Hall, Lichfield, Staffordshire.*
Smith, G. Esq., M.P., F.H.S., &c. *Selsdon, Surrey.*
Snodgrass, Thomas, Esq. F.R.S., F.H.S., &c. *Chesterfield-street, May-fair.*
Sockett, H. Esq. *Swansea, South Wales.*
Somerset, His Grace the Duke of, D.C.L., F.R.S., F.A.S., F.L.S., &c. *Bulstrode Park, Bucks.*
South African Public Library, The. *Cape of Good Hope.*
South, J. F. Esq. F.L.S. *St. Thomas's-street, Borough.*
Spencer, the Right Hon. Earl, K.G., LL.D., F.R.S., &c. *Wimbledon, Surrey; &c.*
Spry, the Rev. J. H., D.D., F.H.S. *York-terrace.*
Stanley, the Right Hon. Lord, M.P., LL.D., Pres. L.S., Z.S., &c. *Knowsley, Lancashire.*
Stevenson, Mr. Thomas. *Cambridge.*
Stokes, C. Esq., F.R.S, F.A.S., F.L.S., &c. *Verulam-buildings, Gray's-inn.*
Strickland, A. Esq. *Boynton, Burlington, Yorkshire.*
Strickland, N. C. Esq. *Lincoln College, Oxford.*
Stuart, J. Esq. *Edward-street, Portman-square.*
Swainson, W. Esq., F.R.S., F.L.S. *St. Alban, Herts.*
Tankerville, the Right Hon. the Earl of. *Chillingham Castle, Northumberland.*
Taylor, the Right Hon. Sir Brook. *Gloucester-gate, Regent's-park.*
Tennent, Col. *Russell-place, Fitzroy-square.*
Territt, W. Esq., LL.D. *Chilton Hall, Clare, Suffolk.*
Thackeray, the Rev. George, D.D., F.L.S. Prov. King's College, *Cambridge.*
Townsend, W. Esq. *Clarence-terrace, Regent's-park.*
Trevelyan, Sir J. Bart., F.H.S. *Wallington, Newcastle-upon-Tyne; &c.*
Treuttel, Würtz, and Co. Messrs. *Soho-square.*
Tuell, S. Esq. *Fenchurch-street.*
Tynte, C. K. K. Esq., M.P., F.A.S., F.H.S., &c. *Halswell House, Bridgewater, Somersetshire.*
Upton, the Hon. Henry. *Hill-street, Berkeley-square.*
Vallé, A. B. Esq. *Belldrama, Old Castle, Meath, Ireland.*
Vigors, N. A. Esq., M.A., F.R.S., M.R.I.A., F.L.S., &c. &c. *Chester-terrace.—2 copies.*
Vivian, J. C. Esq. *Cox Lodge, Northumberland.*
Wall, C. B. Esq., M.P., M.A., F.R.S., &c. *Norman-court, Stockbridge, Hants.*
Wall, the Rev. F. S., B.C.L., F.H.S., &c. *East Acton, Middlesex.*
Warden, T. Esq., M.R.I. *King-street, Portman-square.*
Waterhouse, A. Esq. *Old Hall-street, Liverpool.*
Way, B. Esq., F.H.S. *Denham-place, Uxbridge.*
Wells, W. Esq. F.H.S. *Redleaf, Tunbridge, Kent.*
Wentworth, J. Esq. *Lower Seymour-street, Portman-square.*
Wernerian Natural History Society of Edinburgh, The.
Wheeler, J. R. Esq. *Oakingham, Berkshire.*
Wilde, Mrs. Thomas. *Guildford-street.*
Williams, Major Molyneux. *Pewberie Hall.*
Williams, O. Esq., M.P. *Craigydon, Anglesea; &c.*
Wilson, E. Esq. *Abbott's Hall, Kendal, Westmorland.*
Wilson, J. Esq. *Ryton, Durham.*
Wilson, Miss Letitia. *Stamford Hill.*
Witham, W. S. Esq. *South Lambeth.*
Wollaston, the Rev. F. H. *Upton House, Sandwich, Kent.—2 copies.*
Woodfield, M. Esq. *Durham.*
Worcester, the Right Rev. the Lord Bishop of, D.D. *Worcester Palace, &c.*
Yarborough, the Right Hon. Lord, F.H.S., M.R.I. *Brocklesby, Brigg, Lincolnshire; &c.*
Yarrell, W. Esq., F.L.S. *Ryder-street, St. James's.*
York, The Subscription Library of.
Young, G. W. Esq. *Canonbury-square, Islington.*
Zoological Society of London, The.

博物学书架

《苏里南昆虫变态图谱》

美洲大地上绘出的最美作品

310 年来首次登陆中国

　　在梅里安的笔下，植物与昆虫生活的合作无间，栩栩呈现……总能以丝丝入扣的构图展现出生物的精力与活力，创作出一种特殊的异国风情，无人能出其右。

——汤姆·兰姆，《发现之旅》

　　她的代表作《苏里南昆虫变态图谱》，被当之无愧地视为昆虫学发展历史上的一座里程碑。

——沃尔特·莱克，《伟大的博物学家》

　　我们从《苏里南昆虫变态图谱》一书中很容易看出为什么梅里安会是当时最有影响力的博物学者之一。她那简洁直白的叙述手法与极具科学之美的昆虫变态图相得益彰。她围绕不同的寄主植物编排图画，描绘了昆虫从卵、幼虫到成虫的每个变态步骤，妙笔生花地展现了各个阶段的变化。

——保拉·谢瑞妮梅克尔斯，《自然的历史》

《喜马拉雅山珍稀鸟类图鉴》

世界鸟类学大师古尔德第一本书
185 年来首次中文迻译

　　约翰·古尔德（John Gould，1804—1881）英国伟大的鸟类学家、插图艺术家。他对达尔文雀的分类研究直接启发并丰富了达尔文的物种起源论。1976 年他的头像被印在澳大利亚的邮票上。

　　古尔德一生到过很多地方进行考察，出版了《大不列颠鸟类》《欧洲鸟类》《澳洲鸟类》《巴布新几内亚鸟类》《亚洲鸟类》等书籍。古尔德还因收集大量的蜂鸟和澳大利亚哺乳动物标本，撰写了许多科学论文的多产作家而闻名；当然他最负盛名的还是其鸟类学图解，被惊为艺术奇珍，誉为奥杜邦之后最为伟大的作品。

　　他的第一本书《喜马拉雅山珍稀鸟类图鉴》（*A Century of Birds from the Himalaya Mountains*），自行印刷于 1831 年。古尔德首先手绘了 80 幅草图，这些草图由一位很有天赋的艺术家、他的妻子伊丽莎白转刻到平版石上成为石版画；同时配有威格斯撰写的文字。该图册对对象描绘的周详和准确性，完全超过了此前出版的所有鸟类书籍。

《自然的艺术形态》

生态学鼻祖 海克尔完美对接科学与人文
不断激发先锋艺术灵感的天才插画集

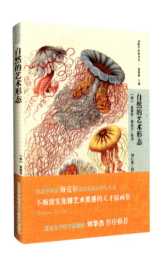

恩斯特·海克尔（Ernst Haeckel, 1834—1919），德国伟大的博物学家、艺术家和哲学家。

传播达尔文的进化论是海克尔一生学术活动中的重要内容。他先后出版了《形态学大纲》《创造的历史》《人类的进化》《宇宙之谜》等著作，通俗地介绍了达尔文的进化论。年老后，他由对科学事实的探讨转至哲学，建立了机械唯物主义的"一元论"体系。海克尔是最早将心理学看作是生理学的一个分支的人之一，也是优生学的先驱。

海克尔认为生物学在许多方面与艺术类似。他所绘制的自然科学类插画为后世艺术家、建筑师和设计师提供了丰富的灵感来源。新艺术运动就是受其启发而形成的。他这方面伟大的代表作是《自然的艺术形态》，这本书展示了大自然惊人的对称和令人窒息的炫美。

奥拉夫·布赖德巴赫（Olaf Breidbach）说："《自然的艺术世界》，不仅仅是一本天才的插画集，更是海克尔世界观的总结。"

图书在版编目（CIP）数据

喜马拉雅山珍稀鸟类图鉴／（英）古尔德绘著；童孝华译. — 北京：北京出版社，2016.2
（博物学经典译丛）
ISBN 978 - 7 - 200 - 11519 - 2

Ⅰ. ①喜… Ⅱ. ①古… ②童… Ⅲ. ①喜马拉雅山脉—鸟类—图集 Ⅳ. ①Q959.708-64

中国版本图书馆 CIP 数据核字（2015）第 192536 号

喜马拉雅山珍稀鸟类图鉴
XIMALAYASHAN ZHENXI NIAOLEI TUJIAN
（英）古尔德 绘著
童孝华 译

*

北 京 出 版 集 团 公 司
北 京 出 版 社 出版
（北京北三环中路 6 号）
邮政编码：100120
网　　址：www . bph . com . cn
北京出版集团公司总发行
新 华 书 店 经 销
北京雅昌艺术印刷有限公司印刷

*

787 毫米×1092 毫米　16 开本　12 印张　105 千字
2016 年 2 月第 1 版　2016 年 2 月第 1 次印刷
ISBN 978 - 7 - 200 - 11519 - 2
定价：68.00 元
质量监督电话：010 - 58572393

John Gould

约翰 · 古尔德

喜马拉雅山珍稀鸟类图鉴　全图

A Century of Birds from the Himalaya Mountains